哈尔滨老教堂
建筑艺术纵览

Overview of the Architectural
Art of Old Churches in Harbin

唐家骏 著

中国林业出版社
China Forestry Publishing House

图书在版编目（CIP）数据

哈尔滨老教堂建筑艺术纵览 / 唐家骏著. -- 北京：

中国林业出版社, 2024. 9. -- ISBN 978-7-5219-2841-9

Ⅰ. TU252

中国国家版本馆CIP数据核字第20243EE756号

责任编辑：王全
装帧设计：A05工作室，刘临川

出版发行：中国林业出版社
　　　　　（100009，北京市西城区刘海胡同7号，电话83143632）
电子邮箱：jz_view@163.com
网址：https://www.cfph.net
印刷：河北京平城乾印刷有限公司
版次：2024年9月第1版
印次：2024年9月第1次
开本：710mm×1000mm　1/16
印张：9
字数：170千字
定价：68.00元

序言一

　　哈尔滨在去年火爆出圈，不仅因其独特的冰雪文化和寒地特征，更是因为其独特的城市风貌，多姿多彩的特色建筑给人留下了深刻印象。特殊的历史沿革和地理位置造就了哈尔滨这座具有异国情调的美丽城市，它不仅荟萃了北方少数民族的历史文化，而且融合了中外文化，是中国著名的历史文化名城和旅游热点城市。哈尔滨素有"冰城""东方莫斯科""东方小巴黎"之美称，也是著名的"音乐之城""教堂之城"。哈尔滨在 1949 年之前汇集了多种宗教文化，是当时全国极少的佛教、道教、东正教、天主教、基督新教、犹太教和伊斯兰教并存的城市。

　　1898 年，随着中东铁路的修建，哈尔滨近代城市的雏形开始展现，由此形成了独特的城市风貌和建筑风格。多国侨民特别是大量俄罗斯人在哈尔滨生活，留下了多元文化色彩浓厚的建筑，其中最具有代表性的建筑就是侨民们精神慰藉场所——教堂。哈尔滨的教堂无论在数量上还是类型上，都使其成为名副其实的教堂之城。精美的圣尼古拉大教堂、宏伟的圣索菲亚教堂、秀美的圣伊维尔教堂、华丽的阿列克谢耶夫教堂以及充满异国风情的犹太会堂、鞑靼清真寺等，这些分散在城市内不同区域的宗教建筑，形成了一道独特风景线，是哈尔滨成为教堂之城的重要载体。哈尔滨的教堂建筑是国外建筑师和中国工匠共同辛勤劳动的成果，也是全人类的文化遗产。

　　城市是有记忆的，这些记忆需要以各种方式进行传承和弘扬。本书作者以建筑专业视角归纳整理了大量哈尔滨老教堂建筑相关资料，以时间轴作为主线，对不同时期的各种类型教堂进行了系统性梳理。在此基础上，从文化遗产角度较为详细地描述了各类宗教建筑的风格特点和装饰艺术特征。最后，作者将哈尔滨存在过的老教堂编辑了年表，以飨读者。书中图片精美，文字内容简练、案例排列清晰，大量照片采用新旧对比方式，可读性很强。《哈尔滨老教堂建筑艺术纵览》不失为一本值得品读、值得收藏的好书！

李建荣

黑龙江省哈尔滨历史文化研究会会长

黑龙江省社会科学院研究员

2024 年 7 月 6 日

序言二

　　随着 1903 年 7 月 14 号中东铁路的全线通车，哈尔滨作为中国东北地区最边远的近代城市开启了快速发展的节奏。由于特殊的历史机缘与地理环境因素，这座城市从初始就形成了自己独特的城市文化。直至今日不过刚刚一百二十余年，放在中国厚重的城市文化发展历史中，它是那么的年轻，但却又那么有个性。每当人们提到哈尔滨，就会想起那充满异国情调的城市建筑文化景观。无论大街小巷，还是公园广场，到处都可以看到风格各异、形态多姿的近代历史文化建筑。它们把这座城市装点得更具艺术魅力，更吸引人，让更多的人愿意走进它，去感受和体验这座年轻的近代城市所焕发出来的那股迷人的历史气息和建筑文化氛围。

　　哈尔滨的大量近代建筑是为了满足当时城市发展过程中的各种功能需求所建造的，包括车站、办公楼、教堂、学校、商场、银行、医院等众多的建筑类型。近代哈尔滨是一个开放的城市，先后有大量外国侨民在此居住，因此教堂就成为当时其中必不可少的重要建筑类型之一。同时，为了适应外国侨民宗教信仰差异的需求，又分别建造了多种不同宗教功能形态的教堂，从而将来自世界各地的宗教建筑文化带到了哈尔滨。高耸的教堂成为当时哈尔滨近代城市最重要的标志性建筑，因其所在位置也成为城市景观的焦点。这些教堂与其他众多的近代建筑在城市景观中共存，相互辉映，共同打造出了一个极具文化多样性的城市特色。从众多遗留下来的历史影像与图片中可以清晰地看到这一场景。

　　此外，哈尔滨教堂建筑是当时文化传播的产物，在这些建筑身上不但可以感受到到多种建筑文化的艺术魅力，同时也可以看到其中蕴藏着的诸多地域性特征。近代建筑是哈尔滨作为国家级历史文化名城的核心价值之一，保留至今的数栋教堂建筑又是其中最能展现建筑艺术魅力的一部分宝贵遗产。无论是其建筑形态的多姿，装饰细部的丰富，还是建造技术的精湛，都能充分地说明这一点。为保护好这一建筑遗产所做的任何事情都是极有价值的。这本关于哈尔滨教堂建筑的书籍，内容丰富，图片精美，值得一读，也值得收藏。衷心期待这种为哈尔滨历史文化名城保护大业添砖加瓦的书籍越多越好。

哈尔滨工业大学建筑与设计学院教授

2024 年 6 月 15 日

目　录

哈尔滨老教堂
建设综述
Summary of the Construction of
Old Churches in Harbin

1. 老教堂建筑的发展历程

"教堂之城"的兴起

哈尔滨是中国最北方的省会城市，同时也是冬季严寒地区的代表性旅游城市。哈尔滨管辖区县的城市建设可以上溯到公元 10 世纪的金朝，但是哈尔滨主城区的建城历史并不长，只有一百多年的历史，是一个近现代发展起来的新兴城市。19 世纪末的沙皇俄国为了称霸远东地区，迫使清朝政府签订了一系列的不平等条约，同时在 1897 年开始在中国东北地区修建中东铁路*。中东铁路是一条覆盖东北地区的 T 字形铁路，铁路形成东西和南北两条主干线，而两条铁路的交会处就是现在的哈尔滨主城区。

随着中东铁路的修建，哈尔滨在 1905 年辟为商埠，迅速成为了远东地区的国际化大城市，大量外国商人和侨民的涌入为这个城市带了商机和活力，同时也促进了这个城市的建设发展。由于外国建筑师在哈尔滨参与了许多重要建筑的设计，这里涌现出大量艺术水平较高的西方建筑，让哈尔滨的城市建筑带有了浓郁的欧洲风情，巴洛克、洛可可、古典复兴、折衷主义和新艺术运动等建筑风格都在哈尔滨陆续出现。而教堂建筑是这些历史建筑中的璀璨明珠，成为了这个城市最重要的城市符号。在 20 世纪 30 和 40 年代，主城区的各宗教教堂建筑一度达到了五六十座，让哈尔滨这个城市成为了名副其实的"教堂之城"。

20 世纪上半叶，哈尔滨的教堂建筑类型以西方基督教为主，其中包含东正教、天主教和基督新教三种宗教建筑类型，同时由于多种族外国人的移居，也出现了少量由侨民兴建的犹太教堂和伊斯兰教清真寺，这些宗教建筑都具有鲜明的国外建筑师设计烙印，因此都归为哈尔滨老教堂的论述范畴。百年前，哈尔滨由于俄国侨民居多，因此建筑风格受到当时沙皇俄国影响最大，俄国的东正教教堂占据了城市教堂的主导地位，其

百年前的哈尔滨中央大街历史照片

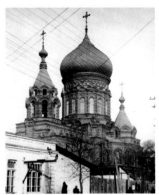

圣索菲亚教堂历史照片

* 中东铁路，别名：东清铁路，即"大清东省铁路"的简称，亦作"东省铁路"，1897 年 8 月开始施工，1903 年 7 月正式通车运营，1920 年起始称中国东省铁路，简称中东铁路。

中现存最宏伟的圣索菲亚教堂已经成为这个城市的文化和旅游地标。

老教堂的发展阶段

　　哈尔滨老教堂是指从 1897 年中东铁路开始建设到 1949 年中华人民共和国成立期间，由国外建筑师主导设计的具有文化审美价值的宗教建筑。由于 20 世纪初哈尔滨的西方国家侨民众多，甚至一度其常驻人口数量在市区内超过了中国居民，而外国侨民大多具有宗教信仰，这使得教堂的建设陆续开展起来。当时的教堂建筑主要集中在外国侨民较多的南岗区和道里区，同时香坊区和道外区也有少量的教堂建成。哈尔滨的老教堂建设大概可以分为三个历史阶段，这三个阶段展现了发展性的建设规模和差异化的风格类型。

　　第一阶段可以概括在 1898—1917 年期间，这一阶段教堂建设开始出现并逐步发展。1898 年由民房改建而成的香坊区圣尼古拉教堂，成为了哈尔滨第一座俄国到达团队建设

的东正教教堂。1900 年落成的南岗区圣尼古拉大教堂位于城市最高的位置，成为了这一时期最重要的城市标志建筑。但由于哈尔滨城市刚刚开始建设，大多教堂仍以东正教随军教堂类型为主，早期教堂规模较小，同时以木结构形式设计为主，一些教堂体现了临时性的特征，位于道里区的圣母报喜教堂和圣索菲亚教堂都在这期间建成了最早的木结构教堂。随后砖木教堂陆续出现，现存的代表建筑有 1908 年建成的圣伊维尔教堂和圣母安息教堂。同时第一阶段仍主要处于晚清时期，西方天主教和基督新教开始在中国传播，哈尔滨也出现了一些由外国传教士和侨民主持建设的天主教和基督新教教堂，现存的代表建筑有 1908 年建成的呼兰天主教堂。

　　第二阶段大体上是 1918—1931 年期间，这一阶段是哈尔滨教堂建设数量的高峰期，出现了多教派和多类型的教堂建筑。随着开埠后哈尔滨工商业的逐步发达，同时 1917 年俄国十月革命的爆发，沙俄大量的贵族和多民族贫民避难到哈尔滨，这大大加速了哈

圣尼古拉大教堂历史照片（已拆毁）

圣伊维尔教堂历史照片

喀山圣母男子修道院历史照片（已拆毁）

圣母守护教堂历史照片

尔滨的教堂建设。这一时期俄国东正教堂仍占主流，建设规模逐步从小型木结构教堂转向大中型的砖木和砖石教堂，其中已经被拆毁的喀山圣母男子修道院和江北尼古拉教堂都是中型教堂的精美代表。而同期包括圣索菲亚教堂和圣母报喜教堂在内的大型拜占庭式教堂开始兴建，这期间完成的拜占庭式教堂是 1930 年建成的圣母守护教堂。同时，基督新教的各教派在哈尔滨开始兴盛，一些中小型的新教教堂陆续建成。大量的犹太移

民也加强了犹太教堂的设立，现存道里区的犹太新会堂也在 1921 年建设完成。

第三阶段大体上是 1932—1945 年期间，这一阶段大型东正教堂陆续建成，城市教堂数量众多，但也由于历史发展原因老教堂建设逐步地走向了尾声。这期间，全新的圣索菲亚教堂经过多年建设在 1932 年落成，成为了这一时期哈尔滨最重要的建筑历史事件。1935 年第二座阿列克谢耶夫教堂和 1941 年第三座圣母报喜教堂也陆续建成，

圣母报喜教堂历史照片（已拆毁）

这些大型教堂成为了当时远东地区最宏伟的建筑群，大大加强了哈尔滨城市的国际影响力。同时期大中型的伊斯兰清真寺也开始逐步完工，现存的代表建筑有1937年建成的鞑靼清真寺。随着国外侨民在20世纪30年代开始逐渐离开哈尔滨，哈尔滨的各宗教教堂建设开始陆续停滞，在大型教堂不断建成后却迅速走向了终点。

2. 老教堂建筑的风格特征

老教堂的宗教分类

广义上的西方基督教发展有近2000年的历史。随着公元395年东西罗马帝国产生了分治，基督教也逐渐分裂成了东西两个主要教派。东罗马帝国教会自称正教而后在东欧地区成为主导教派，东正教后来也成为了俄国的国教；而西欧地区以天主教为主并延续至今。在16世纪欧洲宗教改革后，基督教又形成了众多新教派，基督新教在中国被简称为基督教而区别于东正教和天主教。基督教的这三大教派在晚清时期陆续传入哈尔滨，在哈尔滨建城初期开始扎根发芽。

由于中东铁路是沙皇俄国主导建设，东正教堂成为最早出现在哈尔滨主城区的西方宗教建筑。随后俄国在日俄战争失败，众多国家在哈尔滨通商来争夺自身利益，这使得城市在东正教文化的基础上又有了多种宗教的介入。由于各教派都有着自己的宗教势力范围，传统欧洲城市一般很少能同时并存多种宗教形式。作为新晋远东大城市的哈尔滨本来就是一张白纸，这给西方各教派的共存提供了很好的平台，也形成了哈尔滨教堂建筑类型的纷繁多样。这在全世界城市中也是很少见的情况。在哈尔滨几十年的老教堂建设过程中，东正教堂数量仍占据了总体接近一半的比重，同时也是城市中规模和投资最大的教堂类型，成为城市最独特的风景。天主教、基督新教、犹太教的教堂和伊斯兰教的清真寺虽然是相对少量的存在，但也都尽力打造自己的宗教特征，丰富和美化了哈尔滨的城市面貌。

老教堂的历史风格

西方建筑历史中的风格演变是循序渐进的过程。20世纪初，折衷主义和新艺术运动建筑形式在欧洲逐渐走向尾声，现代主义建筑也开始了萌芽。但此时期，远离西方世界的哈尔滨刚刚涌入大量欧洲人，这使其城市建筑并没有与西方进程齐头并进，仍然延续了近半个世纪的古典建筑风格。哈尔滨的老教堂建筑由于教派众多，也展现了不同历史风格教堂在城市中同步建设的情况。

哈尔滨的东正教堂具有纯正的俄国"血统"，其中一些教堂直接参考了俄国既有建筑图纸建造。除了早期的一些木结构教堂之外，东正教堂后来都以砖木和砖石结构为主，这些教堂也展现了几种不同面貌的俄式建筑语言：第一种是早期小型"洋葱头"教堂，这类教堂以前部分高钟塔、后部分洋葱头为标志语言，是从东罗马帝国不断演化过来的俄国古城"雅罗斯拉夫"的经典教堂范式，装饰语言适度而更加重视屋顶的丰富变化，包括了老圣索菲亚教堂、第二座圣母报喜教堂以及圣伊维尔教堂等都是这个设计模板；第二种是大中型教堂对拜占庭式传统风

第二座圣母报喜教堂历史照片（已拆毁）

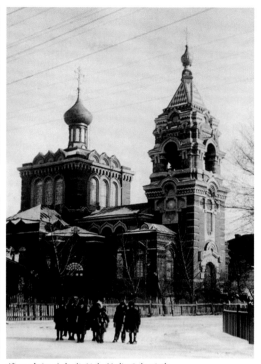

第三座圣母报喜教堂历史照片（已拆毁）　　　　第二座阿列克谢耶夫教堂历史照片

格的回归。拜占庭是东罗马帝国的别称。经典的拜占庭式教堂突出建筑结构的宏伟性而减少装饰语言，哈尔滨的圣母守护教堂和第三座圣母报喜教堂都是对这种古老建筑形式的致敬；第三种是近代俄国带有巴洛克装饰语言的教堂，西方的巴洛克式建筑更加注重立面的复杂线条和丰富装饰，这也曾影响了俄国后期的教堂建筑，哈尔滨现存的阿列克谢耶夫教堂最具有巴洛克装饰的代表性。

与东正教堂相比，哈尔滨天主教和新教的老教堂规模要逊色很多，其设计基本遵循了欧洲中世纪经典的哥特式风格。欧美多国传教士都在哈尔滨主导建设了传统哥特式教堂，其中波兰教众兴建的圣斯坦尼斯拉夫教堂和圣约瑟夫教堂两座教堂非常具有观赏价值，展现了细腻的哥特式尖窗等立面处理，是哈尔滨主城区哥特式代表建筑，遗憾的是这两座教堂都没有保存下来。除了基督教的教徒外，哈尔滨在20世纪初也成为了犹太人在远东地区的最大聚集地，犹太人建立自己的社区和教堂，其中保存下来的有犹太总会堂和新会堂。这两个教堂设计明显与基督教三大派的教堂风格不同，充分展现了犹太教堂特征的平面布局和装饰语言。与西方侨民的各类型教堂相比，伊斯兰教清真寺在哈尔滨城市中是小众的存在，但与中国本土穆斯林的中式清真寺风格不同，由国外建筑师设计建设的清真寺展现了中东地区阿拉伯建

圣斯坦尼斯拉夫教堂历史照片（已拆毁）

犹太总会堂历史照片（已改建）

鞑靼清真寺历史照片

筑的原始风貌，现存鞑靼清真寺就具有鲜明的拜占庭和阿拉伯相融合的设计语言。

3. 老教堂建筑的装饰艺术

俄国近现代的古典建筑非常注重具有本国特色的装饰语言，特别是教堂建筑在后期受到欧洲巴洛克和洛可可装饰风潮的影响，一度呈现了其建筑装饰越来越复杂和丰满的状态，这在哈尔滨的教堂设计中得到了很好的传承。在19世纪末和20世纪初，欧洲的新艺术运动仍处于高峰期，哈尔滨整体城市建筑受新艺术运动影响很大，其中部分宗教建筑也能看到新艺术运动装饰浪潮的身影。

哈尔滨的老教堂建筑结构以全木、砖木和砖石为主，因此，建筑外部装饰体现在木和砖的常用形式。城市早期木结构的东正教堂建设较多，包括圣尼古拉大教堂在内基本都采取了井干结构，井干结构有施工便捷和装修简单的优点，甚至一部分木结构教堂是从异地拆卸过来组装搭建的。但由于火灾、水灾以及人为原因，所有全木结构教堂都没有保存下来。木结构和木装饰沿袭了俄国建筑传统风貌，一般都会在主入口和前部钟塔的近人区域做重点木雕处理，屋顶挑檐和檐廊柱身的繁琐木构件装饰往往最多。木结构教堂的木雕装饰比较细腻精致，装饰区域和井干墙身也会形成良好的立面实虚对比。整体教堂形态受限于木结构技术，一般体量不大，但木材质会更加让人具有亲近感，也会更加展现建筑室内外优雅的艺术气息。

砖结构是哈尔滨后期老教堂的主要建造方式，这也使得砖成为了教堂外立面装饰的最常用手段。哈尔滨的东正教堂大多采取了俄国清水红砖的立面处理，现存的圣索菲亚教堂和阿列克谢耶夫教堂展现了红砖建造的宏伟性和艺术性。少数其他宗教教堂使用了中国本土生产的青砖做法，现存青砖饰面的代表是位于近郊的呼兰天主教堂。东正教堂的红砖装饰一方面利用其结构特征，通过砖拱来解决跨度问题，同时形成门窗的多层次拱券造型；另一方面利用其构造特征，通过砖的叠加悬挑，形成丰富的立面线条和墙身图案。哈尔滨当时主城区建筑是以黄白色调为主，而作为最重要建筑的红砖教堂，打造了其在各城区的标志性，也丰富了城市色彩的多样性。

除了通过砖木等建筑材料来实现立面装饰的原始特征，壁柱和花窗等外部造型构件也被一些教堂所采用，例如，第三座圣母报喜教堂的外立面就通过增加古典元素来丰富墙体层次，这在哈尔滨教堂建筑装饰中具有一定的独特性。在建筑手法层面的装饰处理之外，宗教壁画也是哈尔滨教堂建筑的常用艺术装饰手段，包括现存圣索菲亚教堂在内的重要教堂室内外都有过精美的宗教壁画绘

第一座阿列克谢耶夫教堂木装饰（已拆毁）

圣尼古拉大教堂木装饰（已拆毁）

圣索菲亚教堂砖装饰

呼兰天主教堂砖装饰

圣母报喜教堂古典构件（已拆毁）

圣伊维尔教堂孤儿院的马赛克建筑壁画

制，不过教堂的壁画大多并没有被很好地保护下来，一些现存教堂的室外壁画已经彻底毁坏消失。圣伊维尔教堂保存下来其附属的孤儿院建筑，这个建筑立面顶部设计了大面积的精美马赛克壁画，壁画与其周边装饰明显带有欧洲的新艺术运动风格，是哈尔滨宗教建筑在新艺术运动风格表现上的代表作品。

4. 哈尔滨当代教堂发展概况

哈尔滨老教堂建设在 20 世纪 40 年代走向了结局。这一时期的东正教堂有 20 多座，而其他宗教教堂也至少有 30 多座。在随后的一定历史时期大多教堂被陆续拆毁，而现今留存下来的历史保护教堂建筑仅 14 座，其中东正教 5 座、基督新教 3 座、天主教 2 座、犹太教 2 座和伊斯兰教清真寺 2 座。20 世纪 80 年代之后，哈尔滨宗教事务陆续恢复，但这时的遗存教堂也有着或多或少的破损，甚至一些重要教堂被埋没在民房楼群之中，老教堂已经没有了曾经在城市中的辉煌形象。时过境迁，哈尔滨近些年陆续对这些老教堂进行了修复，同时整治了其周边的城市环境，让老教堂们重新回到居民和游客的视野。重获新生的老教堂建筑再次成为了城市的文化艺术标志。

哈尔滨现存老教堂中有一部分仍被教会日常活动使用，包括尼埃拉依、复临安息日会派和浸信会道外礼拜堂 3 座小型新教堂，东正教会仅存的圣母守护教堂，被天主教会使用的阿列克谢耶夫教堂和呼兰天主教堂，以及伊斯兰教会使用的道外清真寺。

一些老教堂进行了更加重要的功能转换，例如，圣索菲亚教堂现在是城市建筑艺术馆，每天接待大量游客的参观，而犹太总会堂转变为小型音乐厅和商业礼品空间，人们平时可以入内游览，并成为了新晋"网红"打卡地。总体来说，老教堂建筑大多被积极地利用，而部分教堂还有待进一步开放室内空间，让游客更加全面地欣赏这些历史文化遗产。

进入 21 世纪，在老教堂保护和修缮进展的同时，哈尔滨城市由于游客和教徒的增加，开始陆续修复建设多座教堂。在文旅类景区的教堂建筑中，其中比较重要的是圣尼古拉大教堂在近郊的伏尔加庄园旅游区被复原重建，通过对原图纸的完整研究，基本呈现了建筑的原始面貌；在教会活动的教堂中，哥特式的仿古新建教堂占有了大量的比重，例如，在东大直街圣斯坦尼斯拉夫教堂旧址，重新建设了天主教的耶稣圣心主教座堂（南岗区天主堂），也成为了该区域的重要景观节点。但总体来说，新建的复古类教堂建筑并不属于当代建筑风格，其设计和细节做工也与历史老教堂建筑不可同日而语，大多不具备参观游览价值。除了复古类教堂设计，哈尔滨基督教会也陆续在政府审批下，修建了一些现代建筑风格的教堂建筑，其中位于道里区的伯特利教堂就是利用原有俱乐部建筑改造的现代教堂。作者也有幸参与了一些教堂的设计工作，主创设计了位于哈尔滨阿城区金龙山附近的基督教橄榄山礼拜堂。2009 年建成的橄榄山礼拜堂是黑龙江神学院建筑组群的重要组成部分，也成为了哈尔滨现代风格教堂建筑的代表作品之一。

耶稣圣心主教座堂

橄榄山礼拜堂

1. Development History of Old Church Architecture

Harbin is the northernmost provincial capital in China and also a representative tourist city in areas with severe winters. The construction of the Chinese Eastern Railway by Tsarist Russia began in 1897 in northeastern China, forming two main lines running east-west and north-south. The intersection of these two railway lines is where the main urban area of Harbin is now located.

With the construction of the Chinese Eastern Railway, Harbin was designated as a commercial port in 1905, rapidly becoming an international metropolis in the Far East. The influx of numerous foreign merchants and immigrants brought business opportunities and vitality to the city, thereby fostering its development.

In the 1930s and 1940s, the main urban area of Harbin boasted over fifty or sixty religious church buildings, making Harbin a veritable "City of Churches".

The church architecture in Harbin primarily features Western Christian styles, including Orthodox, Catholic and Protestant churches. Due to the influx of foreign nationals from various ethnic backgrounds, a few Jewish and Islamic places of worship, built by immigrants, also emerged. These churches, designed by foreign architects, are all considered part of the discussion on old churches in Harbin.

The Saint Nicholas Cathedral in Xiangfang District, converted from a civilian house in 1898, became the first Orthodox church built by the Russian arrival team in Harbin. In 1900, the Saint Nicholas Cathedral in Nangang District was completed, situated at the highest point in the city, becoming the most significant landmark building of that period. However, in the early 20th century, Harbin was just beginning its urban development, so most churches remained small-scale Orthodox military churches. Subsequently, the construction of churches in Harbin reached its peak. During this period, Russian Orthodox churches continued to dominate, with the construction gradually shifting from small wooden structures to medium and large brick and stone churches. The completion of the new Saint Sophia Cathedral in 1932 was a pivotal architectural event in Harbin's history. The second Saint Alekseyev Church in 1935 and the third Holy Annunciation Church in 1941 were also completed, becoming some of the most magnificent buildings in the Far East, significantly enhancing Harbin's international influence. Meanwhile, various Catholic and Protestant denominations began to flourish in Harbin's early development, with several medium and small-sized corresponding churches being built. As history progressed, foreign nationals gradually left Harbin in the 1930s, leading to a halt in the construction of religious churches. Despite the continuous completion of large churches, the era of church construction quickly came to an end.

2. Architectural Style Characteristics of Old Churches

The evolution of architectural styles in Western architectural history is a gradual process. By the early 20th century, Eclecticism and Art Nouveau were phasing out in Europe, and Modernist architecture was beginning to emerge. However, the influx of Europeans into Harbin, far from the Western world, did not keep pace with these developments, resulting in the continuation of classical architectural language for nearly half a century.

Harbin's Orthodox churches have a pure Russian lineage, with some churches built directly based on existing Russian architectural plans. Besides some early wooden churches, later Orthodox churches primarily featured brick-wood and brick-stone structures, showcasing a diverse array of Russian architectural languages. Compared with Orthodox churches, Catholic and Protestant churches in Harbin were smaller in scale, with their designs essentially adhering to the classic Gothic style of medieval Europe. The Saint Stanislaus Church and the Saint Joseph Church, built by Polish congregants, were particularly notable for their aesthetic value, displaying intricate Gothic lancet windows and other facade treatments. Unfortunately, both churches have not been preserved. In addition to Christian congregants, Harbin in the early 20th century also became the largest gathering place for Jews in the Far East. The Jewish community built their own synagogues, of which the General Synagogue and the New Synagogue have been preserved. These synagogues' designs are markedly different from the Christian churches, highlighting the unique layout and decorative language of Jewish synagogues. Compared with the various types of Western churches built by foreign nationals, Islamic mosques were relatively rare in Harbin. However, unlike the Chinese-style mosques built by local Muslims, the mosques designed and constructed by foreign architects showcased the original Middle Eastern Arabic architectural style, with the existing Tatar Mosque being a primary example.

3. Decorative Art of Old Church Architecture

The old churches in Harbin predominantly feature wooden, brick-wood, and brick-stone structures, with exterior decorations primarily reflecting the common forms of wood and brick. In the early stages of the city's development, numerous Orthodox churches were constructed using wooden structures, including the Saint Nicholas Cathedral, which mainly employed a log construction method. This method offered the advantages of ease of construction and simplicity in decoration, with some wooden churches even being disassembled from other locations and reassembled in Harbin. The wood carvings in these wooden churches were intricate and delicate, creating a pleasing contrast between the decorated areas and the log walls. While the overall size of the churches was limited by the wood construction techniques, the use of wood imparted a sense of intimacy and enhanced the elegant artistic quality of the buildings.

Brick construction became the primary method for building Harbin's later old churches, making brick the most common material for exterior decoration. Most of Harbin's Orthodox churches utilized Russian exposed red bricks for their facades, reflecting Russian architectural traditions. The existing Saint Sophia Cathedral and Saint Alekseyev Church exemplify the grandeur and artistry of red brick construction. A few other religious churches employed locally produced gray bricks, with the Hulan Catholic Church in the suburbs being a notable example of this style. The red brick decoration of Orthodox churches leveraged structural features, such as brick arches to address spans, thereby creating multi-layered arch shapes for doors and windows. Additionally, the construction characteristics of bricks allowed for cantilevered brickwork, resulting in rich facade lines and wall patterns.

4. Overview of Contemporary Church Development in Harbin

In Harbin, there were over 20 Orthodox churches and at least 30 churches of other denominations among the old churches in 1940s. Most of these churches were demolished in the mid to late 20th century, and currently, only 14 historic protected church buildings remain. These include 5 Orthodox churches, 3 Protestant churches, 2 Catholic churches, 2 synagogues, and 2 mosques. After the 1980s, religious activities gradually resumed, but the surviving churches suffered varying degrees of damage, with some important churches hidden among residential buildings. In recent years, Harbin has undertaken restoration projects for these old churches and improved the surrounding urban environment. These revived old church buildings have once again become cultural and artistic landmarks of the city.

Some of the existing old churches in Harbin continue to be used by religious congregations, while others have undergone significant functional transformations. For instance, the Saint Sophia Cathedral has been converted into the Harbin Architectural Art Gallery, attracting numerous visitors daily. The General Synagogue has been transformed into a small concert hall and commercial gift space, open for tourists and become a popular spot for social media. Generally, most of the old church buildings are being actively utilized, though some still require further opening of their interior spaces to allow visitors to fully appreciate these historical heritage sites.

哈尔滨现存老教堂
全景

Harbin's Existing Old Churches:
A Comprehensive Overview

本章重点介绍哈尔滨代表性的 12 座现存老教堂。这 12 座教堂包括哈尔滨 14 座历史保护教堂建筑中的 11 座，以及补充复原重建的圣尼古拉大教堂。通过多视角的照片和精炼的文字，将这些老教堂建筑的形成历史和建筑特色进行深入解读，同时为大家的城市漫游（city walk）提供更准确和详尽的打卡手册。

对另外 3 座现存教堂进行简单介绍。一座是位于南岗区中山路的东仪天主教堂，这座教堂体量虽然不小，但更加接近办公和居住建筑的外观特征，因此也不具备必要的打卡价值。第二座是位于道外区的基督教浸信会礼拜堂。它虽然位于历史街区，但规模过小也并不具备传统教堂的空间设计格局。第三座是道外清真寺。它是中国回族穆斯林所建，虽然采取了阿拉伯建筑风格，但是与西方侨民所建伊斯兰教清真寺还是有一定的空间布局差异。需要说明的是，哈尔滨周边城区也有中式的历史保护清真寺建筑，但中式清真寺一般不列入本书的范畴。

12 座详解教堂以哈尔滨历史上的宗教建筑影响力排序，相应顺序是东正教堂、天主教堂、犹太教堂、基督新教教堂和伊斯兰教清真寺。这些教堂照片都由作者亲自拍摄，教堂的照片多次筛选，尽可能地提炼出最能表现这些教堂魅力的时刻。教堂的文献资料整理也不断推敲，特别是一些建筑都不断重建改建，建设历史时间和施工过程描述在各文献也出现很多不一致的情况，作者经过仔细地比对和咨询，尽可能地呈现现阶段最准确的各教堂建筑研究成果。

This section of the book focuses on the comprehensive overview of Harbin's representative old churches, highlighting 12 notable churches. These include 11 of Harbin's 14 officially protected historical church buildings, along with the reconstructed and restored St. Nicholas Cathedral. Through multi-angle photographs and concise text, the formation history and architectural features of these churches are deeply explored.

The detailed analysis of these 12 churches follows the historical influence of religious architecture in Harbin, ordered as Orthodox Churches, Catholic Churches, Synagogues, Protestant Churches, and Islamic Mosques. The photographs of these churches were all taken by the author, and carefully selected to capture the most compelling moments of these structures. The documentation of the churches has been meticulously compiled, with the author conducting thorough comparisons and consultations to present the most accurate current research findings on each church.

老教堂手绘地图

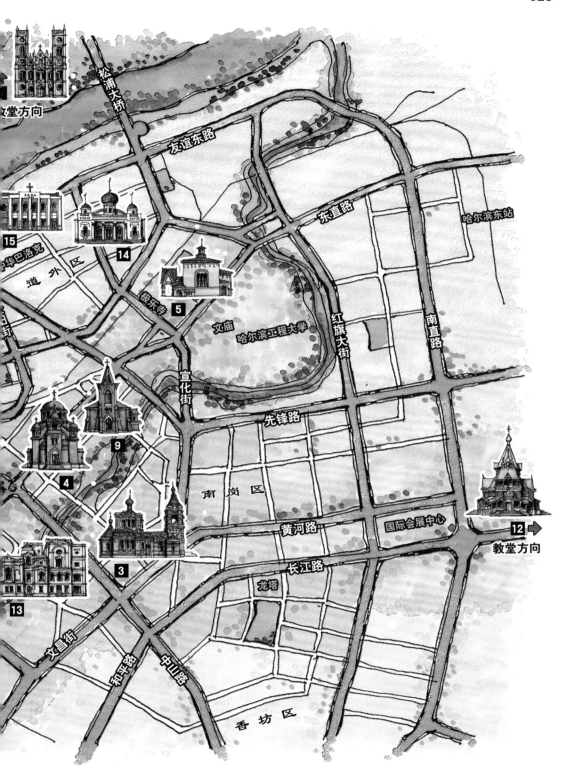

教堂方向

松浦大桥

友谊东路

东直路

哈尔滨东站

15

华巴洛克

道外区

14

极乐寺

5

文庙

哈尔滨工程大学

红旗大街

南直路

宣化街

先锋路

9

南岗区

4

黄河路

国际会展中心

12

教堂方向

3

长江路

龙塔

13

文昌街

和平路

中山路

香坊区

1. 圣索菲亚教堂

圣索菲亚教堂是现在哈尔滨最重要的历史建筑之一，现存教堂位于道里区核心老城区，毗邻哈尔滨最繁华和悠久的中央大街步行街。教堂现如今坐落于大型城市广场之上，体量非常宏伟，最高点达到 53.25 米，是当下国内以及远东地区最大的东正教堂。

在现存圣索菲亚教堂的北侧曾有过一座老圣索菲亚教堂。老教堂的前身是沙皇俄国的一座全木结构随军教堂。随军教堂在 1905 年左右建成，部队转移后被拆解搬迁到现存圣索菲亚教堂区域。老教堂在 1907 年重新组装时加大了体量规模，在 1912 年前后，这座教堂又进行了一次改建。随着城市的发展和教众的增加，更加宏伟的教堂建设被提上日程，1923 年开始在老教堂的南侧新建现存的全新圣索菲亚教堂，最终在 1932 年落成。从历史照片能看到，新老圣索菲亚教堂在一定历史时期是共同存在的，但后来遗憾的是，老教堂被拆除而不复存在，现在教堂广场北侧新建的高耸深绿色钢塔造型，就是对被拆除老教堂的一种回应和追思。

圣索菲亚教堂是以拜占庭式为主的一座俄式特征很浓的教堂。教堂设计展现了俄国几个世纪以来拜占庭穹顶结构的演变，同时也大量增加了建筑装饰细部。圣索菲亚教堂带有鲜明的东正教堂特征，平面依然以集中式为基本格局，但同时在西侧入口方向拉长平面，增加进入教堂后的门厅尺度。整体教堂形象以高耸的"洋葱头"式大穹顶为核心，周边的帐篷式尖顶围合，与大多东正教堂相比，更加体现挺拔和浑厚的造型特色。

1. Saint Sophia Cathedral

Saint Sophia Cathedral is one of the most significant historical buildings in Harbin. The existing cathedral is located in the core old district of Daoli, adjacent to the bustling and historic Central Avenue pedestrian street. The cathedral now stands on a large urban square, with a magnificent presence reaching a height of 53.25 meters, making it the largest Orthodox Church in both China and the Far East.

Originally, an older Saint Sophia Church existed on the northern side of the current cathedral, which was initially a wooden church built by the Russian army. This older church was expanded in 1907 and underwent further reconstruction around 1912. The construction of the new Saint Sophia Cathedral began in 1923 to the south of the old church, and it was finally completed in 1932. The Saint Sophia Cathedral features distinctive Orthodox characteristics, with a centralized floor plan and an elongated western entrance that enhances the vestibule space. The overall structure is dominated by a towering onion dome, surrounded by tent-style spires, emphasizing its robust and towering architectural style.

老圣索菲亚教堂

新老共存时期

新圣索菲亚教堂

新老圣索菲亚教堂航拍影像

老照片中的新老圣索菲亚教堂

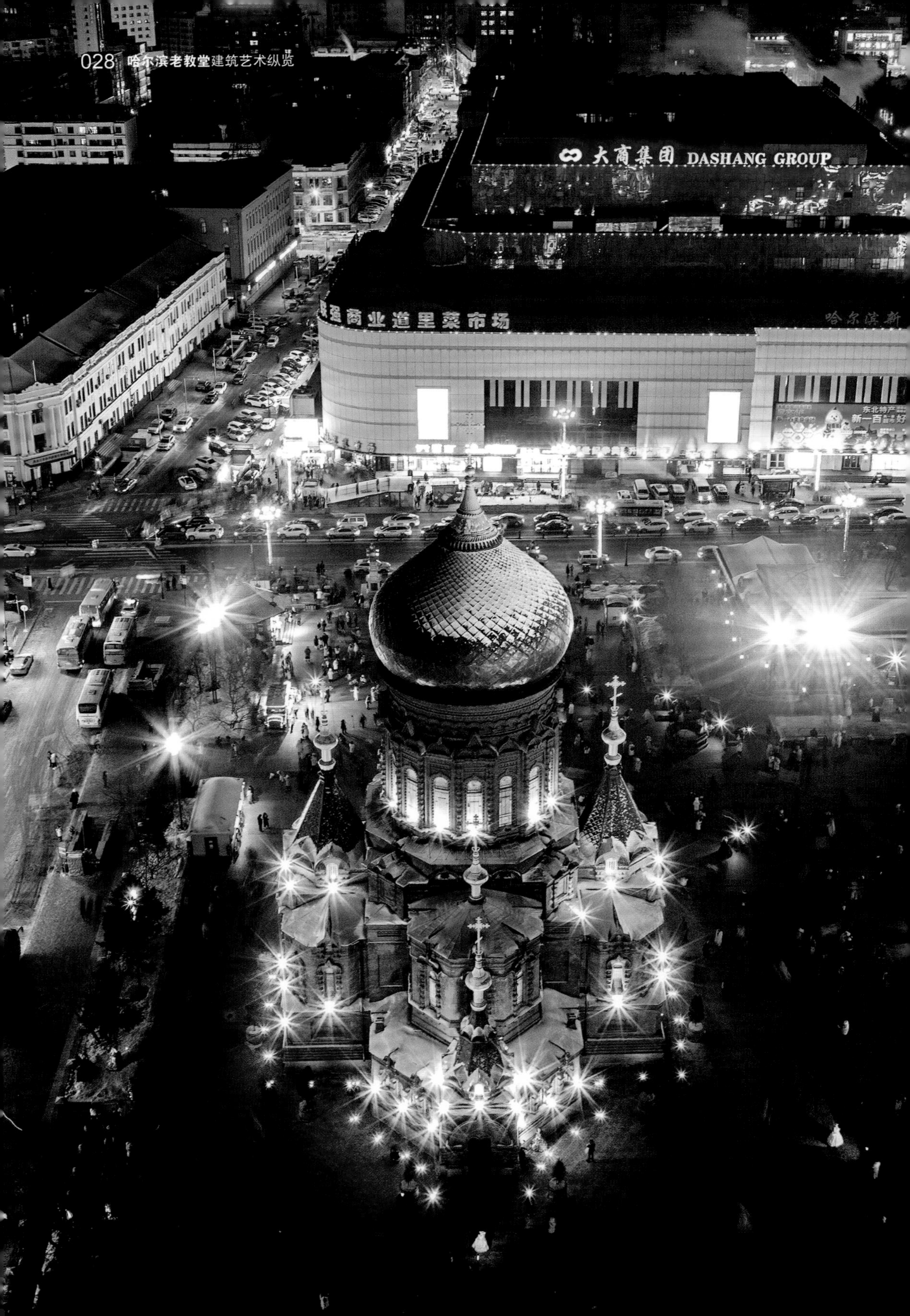
大商集团 DASHANG GROUP
强商业道里菜市场
哈尔滨新
东北特产

　　根据多个文献记载，在 19 世纪末和 20 世纪初，俄国境内至少建设了 4 座与圣索菲亚教堂几乎一样的教堂，现在只剩下圣彼得堡的主显节教堂。这说明圣索菲亚教堂是俄国建筑师在原有教堂图纸基础上设计建设的。

　　教堂整体以砖结构为主，通过拜占庭式的拱券形成高大内部空间，同时支撑上部直径 10 米的圆形鼓座，鼓座再进一步支撑顶部的穹顶。建筑发挥红砖结构特色的同时，也突出清水砖墙的装饰语言，展现了细腻丰富的立面层次关系。教堂内部空间最多可以容纳近 2000 人进行活动，展现了宏伟庄重的宗教空间氛围。

　　20 世纪末之前，圣索菲亚教堂一度被周边的破败楼群所包围。哈尔滨有关部门在 1997 年主持了教堂的修复工作，教堂内部被设置为城市建筑艺术馆。随后几年改造拆除了周边的一些老旧建筑，通过重新设计形成了现如今的大型城市广场。现在的教堂广场游客如织，教堂内部也可以买票参观，特别是教堂建筑在夜晚亮化的衬托下更加美轮美奂。圣索菲亚教堂如今已成为哈尔滨的文旅名片之一，也成为这个城市最重要的游览胜地。

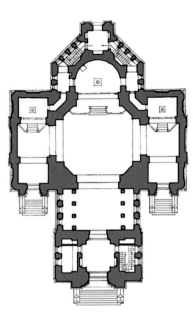

圣索菲亚教堂平面图

2. 圣伊维尔教堂

圣伊维尔教堂是哈尔滨具有非常鲜明特色的东正教堂。现存教堂位于哈尔滨火车站北广场，在道里区占据非常重要的地理位置。圣伊维尔教堂在现存 5 座东正教堂中体量偏小，但却是其中最为优雅和灵动的教堂建筑。

圣伊维尔教堂与哈尔滨很多早期教堂一样也是随军教堂，建成时间是 1908 年（部分文献显示为 1907 年），属于哈尔滨第一批小型砖木结构东正教堂，建筑师为 K. X. 德尼索夫。这个教堂属于沙俄时期经典的"雅罗斯拉夫"范式，这种样式以多个"洋葱头"为主要外观特征，而这种小型"洋葱头"教堂在当下俄罗斯也保留了很多相似的案例，可以说是当年俄国批量建设的教堂风格类型。教堂中心同样为东正教的希腊十字平面，中间屋顶共有突出中心的 5 个"洋葱头"，而教堂前后各有 1 个"洋葱头"呼应，形成了一共 7 个"洋葱头"的屋顶造型。教堂"洋葱头"最高点 27 米，展现了优美和活泼的天际线变化。

圣伊维尔教堂的墙身采用了常用的红砖和白色涂料搭配，形成了清新明快的视觉效果。教堂除了屋顶"洋葱头"的最大特色外，立面设计突出半圆形门拱和窗拱，同时建筑上部也延续白色窗拱装饰到"洋葱头"之下，展现了层层递进的装饰母题。最终建筑造型形成了底部圆拱和上部"洋葱头"的相互呼应，而立面装饰也张弛有度，展现了白色装饰和实体红墙的和谐搭配。

2. Holy Iveron Icon Orthodox Church

Holy Iveron Icon Orthodox Church is another distinctive Orthodox Church in Harbin, located in the northern square of Harbin Railway Station in Daoli District. Among the five existing Orthodox Churches in Harbin, Holy Iveron Icon Orthodox Church is the smallest in size but is considered the most elegant and dynamic.

Similar to many early churches in Harbin, Holy Iveron Icon Orthodox Church was also a military church, built in 1908 (some sources indicate 1907) as one of the first small brick-structured Orthodox churches in Harbin, designed by architect K. X. Denisov. The church follows the classic "Yaroslav" model from the Tsarist Kussia, with a Greek cross floor plan. It features a central roof with five prominent onion domes, flanked by two additional onion domes at the front and back, making a total of seven onion domes. The highest point of the church reaches 27 meters, presenting a graceful and lively skyline. The church's walls are made of red bricks and white plaster, creating a fresh and vibrant visual effect.

老照片中的圣伊维尔教堂

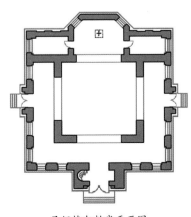

圣伊维尔教堂平面图

　　圣伊维尔教堂在停止宗教功能之后，多年来一度被混乱建设的老旧民宅所包围，甚至屋顶的"洋葱头"都被拆毁，而内部也被改建成仓库使用。进入21世纪后，教堂外部仍然破损得比较严重，而历史记载的室内精美壁画也已经荡然无存。随着近些年哈尔滨火车站北广场的规划和改造工程进行，圣伊维尔教堂在2017年被翻新复原，周边的破败民房也被拆迁，露出本来面目的教堂成为了火车站北广场地区的崭新文化地标。

　　在现在圣伊维尔教堂的马路对面，有一座精美的粉红色小建筑，这就是始建于20世纪20年代，并在1943年重建的教堂附属孤儿院。孤儿院建筑体量虽然不大，却保留下来了哈尔滨非常罕见的马赛克装饰壁画。

壁画区域的建筑细部带有同时期欧洲新艺术运动的设计风貌。

　　教堂和孤儿院建筑的内部空间暂时不对外开放，但两栋建筑都是不可多得的建筑艺术精品，仍非常具有参观打卡的价值。

孤儿院建筑立面照片

3. 阿列克谢耶夫教堂

3. Saint Alekseyev Church

阿列克谢耶夫教堂地处南岗区革新街和士课街交叉口，临近果戈里商业街，周边环境也比较繁华。可能是由于名字过于复杂，"阿列克谢耶夫"这个称谓大多数城市居民并不熟悉，而这个教堂更常被当地人叫作——革新街教堂。

在哈尔滨现存教堂中，阿列克谢耶夫教堂是体量和规模仅次于圣索菲亚教堂的东正教堂，同时也是哈尔滨保存下来最为完整的教堂，多年来只经历过小面积的修复。阿列克谢耶夫教堂的前身是沙俄军队在吉林省公主岭地区的全木结构随军教堂，而后经过几次搬迁，在1912年最终落地在现在教堂所在区域。这就是第一座阿列克谢耶夫教堂的形成。从1930年开始，在老教堂的一侧修建全新的砖石结构的新教堂，于1935年竣工落成；主要设计者是毕业于哈尔滨工业大学的俄籍建筑师斯米尔诺夫。随着时间的推移，第一座木结构教堂陆续毁坏，最终剩下的残留部分也在2000年教堂周边改造的时候被拆除，只剩下现在的红色砖石教堂矗立在广场之上。

阿列克谢耶夫教堂也是典型的俄式特征造型语言，在主体的集中式平面上形成了屋顶的"洋葱头"穹顶，同时进一步突出前部分钟楼的设计，帐篷顶形式的钟楼高度超过了后部穹顶，形成了该地区鲜明的视觉地标。教堂墙体仍以红砖砌筑结构为主，同时使用了钢筋混凝土拱顶。这也是在哈尔滨教堂结构中的不断革新尝试，而后1941建成的全新圣母报喜教堂更加大量地使用了钢筋混凝土结构。

Saint Alekseyev Church is located at the intersection of Gexin Street and Shike Street in Nangang District, near the bustling Gogol Street commercial area. It is the second-largest Orthodox Church in Harbin, following Saint Sophia Cathedral, and is also the best-preserved, having only undergone minor repairs over the years.

The predecessor of Saint Alekseyev Church was a wooden military church of the Russian army, which was relocated several times before finally being established in its current location in 1912. In 1930, construction began on a new brick and stone church adjacent to the old one, which was completed in 1935. The main designer was the Russian architect Smirnov, a graduate of Harbin Institute of Technology. The church features typical Russian architectural language, with a centralized floor plan and an onion dome roof, and a prominent bell tower with a tent-style roof that exceeds the height of the rear dome, creating a distinctive visual landmark in the area.

老照片中的新老阿列克谢耶夫教堂

　　阿列克谢耶夫教堂也同样使用了红砖和白色线条的外装饰设计，但值得一提的是，这个教堂具有明显的欧洲巴洛克装饰语言，是哈尔滨带有巴洛克装饰教堂的典型代表。教堂前部钟楼的巴洛克风格更加鲜明，复杂的线条和线脚装饰形成了教堂最独特的外观特色。

　　教堂的中心顶部没有采用传统拜占庭式的大穹顶，但是依然运用了四面拱券的支撑形成结构体系。教堂室内的中心顶部共有 12 个侧窗，高大的侧窗满足了室内空间在白天的采光需求。现有教堂曾经被改造过而增加了一层楼板，如今参观教堂要在室内拾级而上，这大大影响了教堂空间原有的高耸神圣氛围。

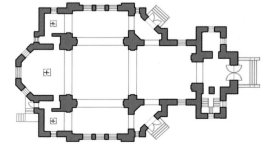

阿列克谢耶夫教堂平面图

　　由于哈尔滨的天主教堂曾经几乎都被拆毁，阿列克谢耶夫教堂在 20 世纪 80 年代转给天主教会使用，如今已经不是曾经的东正教宗教功能。阿列克谢耶夫教堂现在是圣索菲亚教堂之外的另一市区教堂打卡圣地，教堂周边交通便捷，同时定期对外开放，可供游客入内参观拜访。

4. 圣母守护教堂

4. The Church of the Intercession of the Mother of God

圣母守护教堂（又称圣母帡幪教堂或乌克兰教堂）位于南岗区东大直街268号，毗邻南岗秋林公司商圈和地铁1号线医大一院站，人流密集，商业繁华。圣母守护教堂是哈尔滨现存中型规模教堂的代表，同时也是继承拜占庭风格的优美典范。

圣母守护教堂前身是1922年建于果戈里大街的木质小教堂，教徒以乌克兰人为主。由于20世纪20年代城市的快速发展，现存教堂附近的俄侨老墓地也即将被城市建筑所包围，政府计划禁止在老墓地进行下葬，这使得俄侨墓地后人筹划新建一座教堂来守护先人的亡灵，随后经过教会和政府的沟通，教堂用地被顺利批复。教会征得著名建筑师日丹诺夫本人同意，使用了他早年在新墓地设计的未实施教堂图纸，1930年新的圣母守护教堂开始建设，同年竣工完成。与俄国教堂主流的"洋葱头"和"帐篷顶"相比，圣母守护教堂更加突出中心的半球穹顶，以及穹顶下部分的四面圆拱结构造型，这正是传统拜占庭式教堂的鲜明做法。教堂整体造型简约大方，不过多强调繁琐装饰而更加突出结构美学特征。

圣母守护教堂形成了大小多个穹顶的主要形象，同时借助拱券形成精美的窗拱和门拱等装饰特征，砖拱与穹顶共同形成统一和谐的设计语言。教堂同样以砖红色为建筑主色，大面积的墙体让建筑更加典雅和庄重，同时装饰细节体现红砖砌筑特色，重点处理一些线脚等装饰部位，形成良好的立面虚实对比。

Located at 268 Dongdazhi Street in Nangang District, near the bustling Churin & Co. commercial area and the First Affiliated Hospital of Harbin Medical University, the Church of the Intercession of the Mother of God is a mid-sized representative church in Harbin, exemplifying the beautiful Byzantine style.

The church's predecessor was a small wooden church built in 1922 on Gogol Street, primarily serving a Ukrainian congregation. In 1930, construction of the new Church of the Intercession of the Mother of God began at the old cemetery and was completed the same year. The church used the early, unimplemented design by the renowned architect Zhdanov. Unlike the common "onion dome" and "tent roof" styles of Russian churches, this church prominently features a central hemispherical dome and four rounded arches beneath it, characteristic of traditional Byzantine church architecture. On May 17, 2024, Russian President Vladimir Putin visited the Church of the Intercession of the Mother of God and presented an icon to the congregation, significantly raising the church's international profile.

老照片中的圣母守护教堂

　　圣母守护教堂是幸运的。城市中另一座大型拜占庭风格教堂没有摆脱被拆除的命运，那就是位于道里区 1941 年建成的全新圣母报喜教堂。圣母报喜教堂可以说是圣母守护教堂的放大版，可惜现在我们只能在老照片中欣赏这一教堂了。

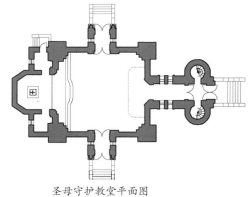

圣母守护教堂平面图

圣母守护教堂是哈尔滨现在唯一能够进行东正教宗教活动的教堂，由于中国现阶段东正教教徒很少，教堂只在少数东正教活动时间对相关人员开放。2024年5月17日，俄罗斯总统普京到访哈尔滨，行程中就包括圣母守护教堂，这大大提高了这一教堂的国际知名度。圣母守护教堂是哈尔滨现存东正教堂建筑的重要代表，同时也毗邻周边的基督教和天主教教堂（即尼埃拉依基督教教堂和南岗区天主堂。其中，南岗区天主堂为圣斯坦尼斯拉夫教堂原址修建），因此非常值得拜访而一并游览。

5. 圣母安息教堂

圣母安息教堂（又称圣母升天教堂或乌斯平卡娅教堂）位于南岗区南通大街文化公园内，临近哈尔滨重要的佛教建筑极乐寺。圣母安息教堂是哈尔滨现存东正教堂中最小的一座，但也有着独特的精美风貌。

上文中提到圣母守护教堂旁边的俄侨墓地被称为老墓地，而更加远离市中心的一片区域被称为新墓地。新墓地埋葬了数量众多的离世外国侨民，因此需要一座为亡者祭奠的教堂，这也就是圣母安息教堂的由来。圣母安息教堂建成于 1908 年，建筑师是 H. A. 卡兹 – 吉列。这座教堂与前文的圣伊维尔教堂同期建成，其体量虽然略小于圣伊维尔教堂，但是平面形式和装饰细节与圣伊维尔教堂非常相近，只是顶部的"洋葱头"数量并没有那么多。历史照片中的圣母安息教堂是白墙绿顶的外观，现存建筑被粉刷成了哈尔滨历史建筑常用的黄色墙体，也形成了自身的色彩特征。现存教堂屋顶的"洋葱头"已经不在，一些装饰细节和前部壁画也已经消失。这是一些城市历史进程中的遗憾。

虽然主体建筑体量较小，圣母安息教堂区域却形成了由教堂、钟楼和忏悔亭 3 栋建筑组成的建筑组团，打造了组群教堂的典范。钟楼和忏悔亭建成于 1930 年，其中帐篷顶的钟楼与教堂相距 56 米，与教堂形成轴线关系的同时也展现了良好的视线互动。

5. Holy Dormition Church

Holy Dormition Church is located within Cultural Park at Nantong Street in Nangang District, near the significant Buddhist architecture, Jile Temple. It is the smallest existing Orthodox church in Harbin, yet it boasts its own unique and exquisite style.

In the early 20th century, Harbin's new cemetery interred numerous deceased foreign residents, necessitating a church for memorial services, which led to the construction of the Holy Dormition Church. Completed in 1908, the church was designed by H. A. Kaz-Gile. This church, along with the previously mentioned Holy Iveron Icon Orthodox Church, was built around the same time. Although its size is slightly smaller than the Holy Iveron Icon Orthodox Church, its floor plan and decorative details are quite similar, differing mainly in the smaller number of "onion domes" atop the structure.

Despite the smaller main building, Holy Dormition Church area forms a complex with the church, bell tower, and confessional pavilion, creating a model of a grouped church ensemble.

老照片中的圣母安息教堂

圣母安息教堂附近的外侨墓地在 1958 年整体进行了搬迁，有条件搬迁的坟墓被安置在了城市东郊的皇山公墓，而教堂建筑成为文化公园的一部分。现在的教堂是文化公园内的中心景观，而钟楼也成为公园的西侧主入口。古建筑组群融入城市公园，提升了居民的文化生活环境质量。

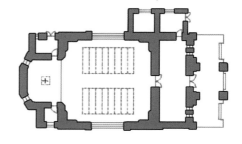

圣母安息教堂平面图

　　圣母安息教堂近期不开放，教堂在 2024 年开启了室内外修缮工作，预计未来可供游客入内参观。在教堂建筑周边的步行范围聚集了哈尔滨文庙和极乐寺等中式古建筑，这些文化古迹可以共同参观，打卡哈尔滨文化公园一带的古建筑之行。

钟楼部分航拍

6. 呼兰天主教堂

20 世纪初的哈尔滨，除了东正教堂建设如火如荼外，天主教也逐渐成为哈尔滨的另一大外来宗教。一方面晚清时期天主教传教士到哈尔滨来进行传教，另一方面城市开埠后信奉天主教的侨民也越来越多，这都加快了天主教堂的建设速度。位于哈尔滨近郊呼兰区的天主教堂就由法国传教士主持兴建，也是哈尔滨地区现存最大的天主教历史建筑。

呼兰天主教堂位于现呼兰区东府路与师专路交叉口，距离哈尔滨中心城区有 30 多千米的距离。教堂建成于 1908 年。由于是法国传教士兴建，整体设计语言传承了典型的欧洲中世纪哥特风格，其中双塔的前部分造型能看到来自巴黎圣母院的设计影响。作为天主教堂，建筑平面与东正教常用的希腊十字相对应，采取了哥特式教堂传统的拉丁十字平面布局。拉丁十字平面在主轴方向较长，更加突出教堂室内空间的纵深感和方向性。

教堂前部分钟塔的高度达到 35 米，同时形成了多段式的立面划分，使得整体建筑更加高耸和挺拔。教堂主体以砖砌筑结构为主，但与哈尔滨主城区东正教堂不同的是，这座教堂采用了中国本地产的青砖砖体，展现的青砖饰面也形成了教堂鲜明的视觉特征。教堂外观装饰一方面体现哥特风格的尖锥形屋顶造型，另一方面大量使用圆窗和半圆窗拱的构件语言，形成了既统一又丰富的立面形象。

6. Hulan Catholic Church

In the early 20th century, alongside the flourishing development of Orthodox churches, Catholicism gradually became another major foreign religion in Harbin. The Hulan Catholic Church, located in the suburban Hulan District of Harbin, was built under the supervision of French missionaries and is the largest existing Catholic historical building in Harbin.

Completed in 1908, the Hulan Catholic Church was constructed with the design language typical of European medieval Gothic style, reflecting the influence of the Notre-Dame de Paris in its twin-tower front section. As a Catholic church, its floor plan contrasts with the Orthodox Greek cross, adopting a traditional Gothic Latin cross layout. The front bell tower reaches a height of 35 meters, creating a multi-segmented facade that enhances the building's towering and upright appearance. The church is constructed with locally produced blue bricks, which give it a distinctive visual characteristic.

老照片中的呼兰天主教堂

　　在天主教堂的西侧建有两层的砖结构教
会牧师楼，牧师楼与主体教堂高低互动，形成
了组群建筑的良好共存。呼兰天主教堂在一定
时期受到了局部破坏，有关部门在 2003 年完
成了天主教堂的修复和周边房屋的拆建工作，
形成了以教堂为核心的城市公园与广场，打造
成为呼兰区的文化地标。教堂现在为天主教会
使用，一般可在宗教活动时间入内参观。

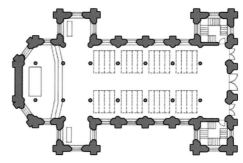

呼兰天主教堂平面图

　　呼兰区曾经一度与主城区交之间通不便捷，但随着城市的不断扩展，呼兰区与哈尔滨主城区已经几乎接壤，交通线路也众多。呼兰区还有另外一个重要的历史遗迹，就是近代著名女作家萧红的故居。萧红故居和天主教堂已经成为呼兰区的城市历史名片，等待着众多游客的探寻和拜谒。

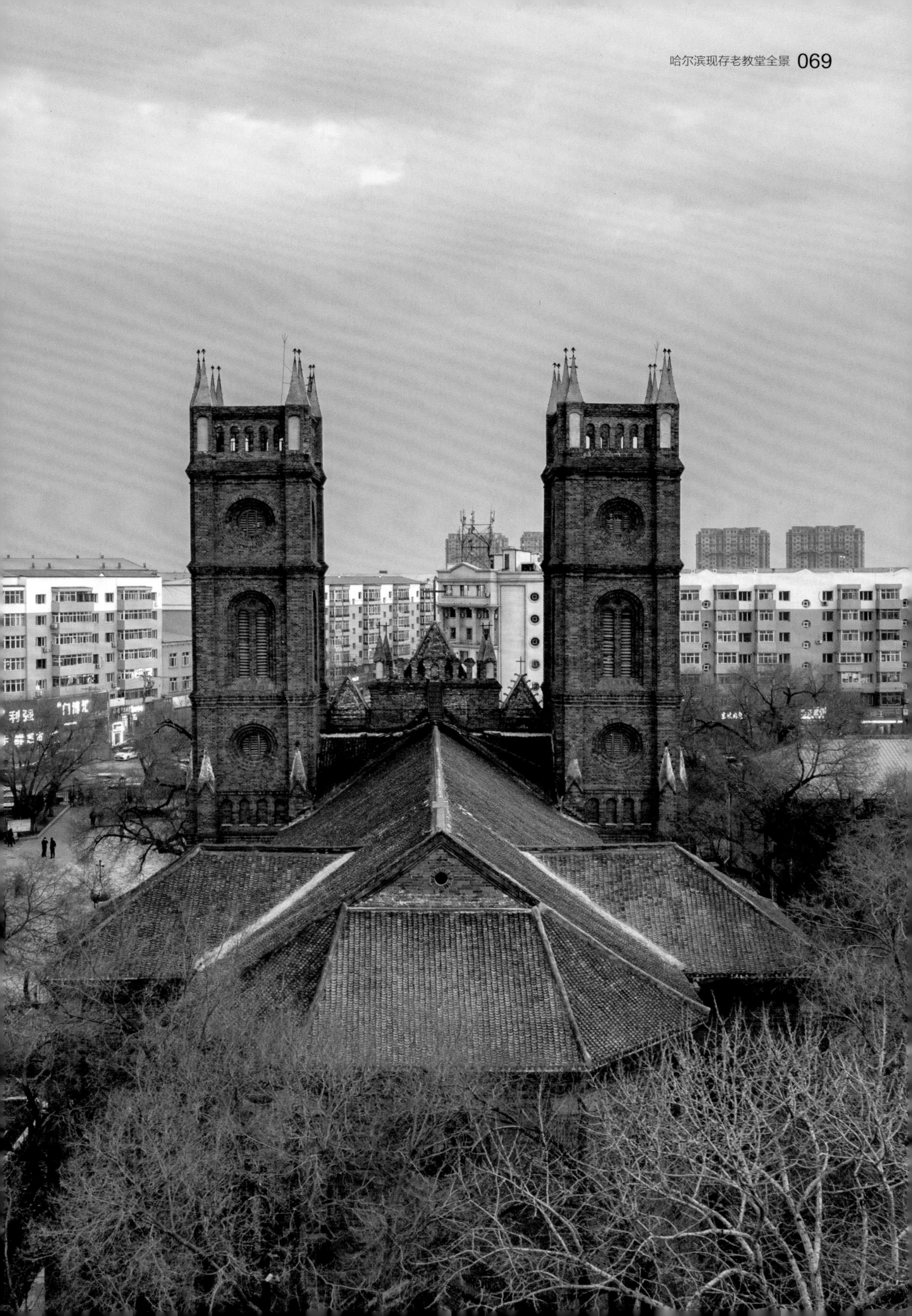

7. 犹太总会堂

7. General Synagogue

19 世纪末和 20 世纪初，受到沙皇俄国迫害的犹太人大量移居到哈尔滨，在中央大街的西侧逐渐形成了完备的犹太社区，人口最多时达到 2 万多人。犹太人的到来带动了哈尔滨的商业发展，同时犹太人也大量兴建了商业、学校和工厂等建筑，其中犹太教堂也是城市重要的历史遗迹。

哈尔滨的犹太教堂完整保存下来的有两处，这两座教堂相互距离不远并毗邻著名的中央大街步行街，其中一座是犹太总会堂（又称老会堂），另一座是犹太新会堂。犹太总会堂位于道里区通江街 82 号，与中央大街也只有一街之隔，于 1909 年建成第一座教堂，建筑师是圣母安息教堂的设计者 H. A. 卡兹 - 吉列。第一座总会堂经历过 1931 年的火灾和 1932 年的水灾，在 1932 年被改建修复完成，形成了现在的样式。改建完成的犹太总会堂从原先的长方形平面转变为一个反向的拉丁十字，同东正教和天主教教堂相比，建筑平面形成了分别独立的前部分门厅和后部分厅堂，更加接近礼堂的空间组织模式。

现存犹太总会堂建筑简约厚重，突出前部分的中心穹顶造型，而犹太教标志的六角圣星支撑在高耸的穹顶之上，形成了建筑的主要标识。建筑立面装饰相对简单，主要突出尖券和圆拱的门窗形式，适度增加窗框周边的细节符号。建筑的颜色一度为红白相间的色系，而在近些年周边环境更新改造之后，建筑也被粉刷成了哈尔滨建筑常用的黄色系，使其更加融入周边的城市环境。

In the late 19th and early 20th centuries, many Jews who were persecuted in Tsarist Russia migrated to Harbin, forming a complete Jewish community on the west side of Central Street. The arrival of Jews spurred Harbin's commercial development and saw the construction of numerous commercial buildings, schools, factories, and important historical relics like the Jewish synagogues.

The General Synagogue, located on Tongjiang Street in Daoli District, saw its first building completed in 1909, designed by H. A. Kaz-Gile, the architect of the Holy Dormition Church. The original synagogue underwent a fire in 1931 and a flood in 1932, leading to its reconstruction and restoration in 1932, resulting in the current structure. The rebuilt synagogue has been transformed from a rectangular floor plan to an inverted Latin cross, with separate vestibules at the front and back, resembling an auditorium's spatial organization. The existing synagogue is simple and sturdy, with its central dome and the Star of David prominently displayed on top, serving as the building's main identifier.

Upon its renovation in 2014, it was reopened as the Harbin Old Synagogue Concert Hall.

老照片中的犹太总会堂

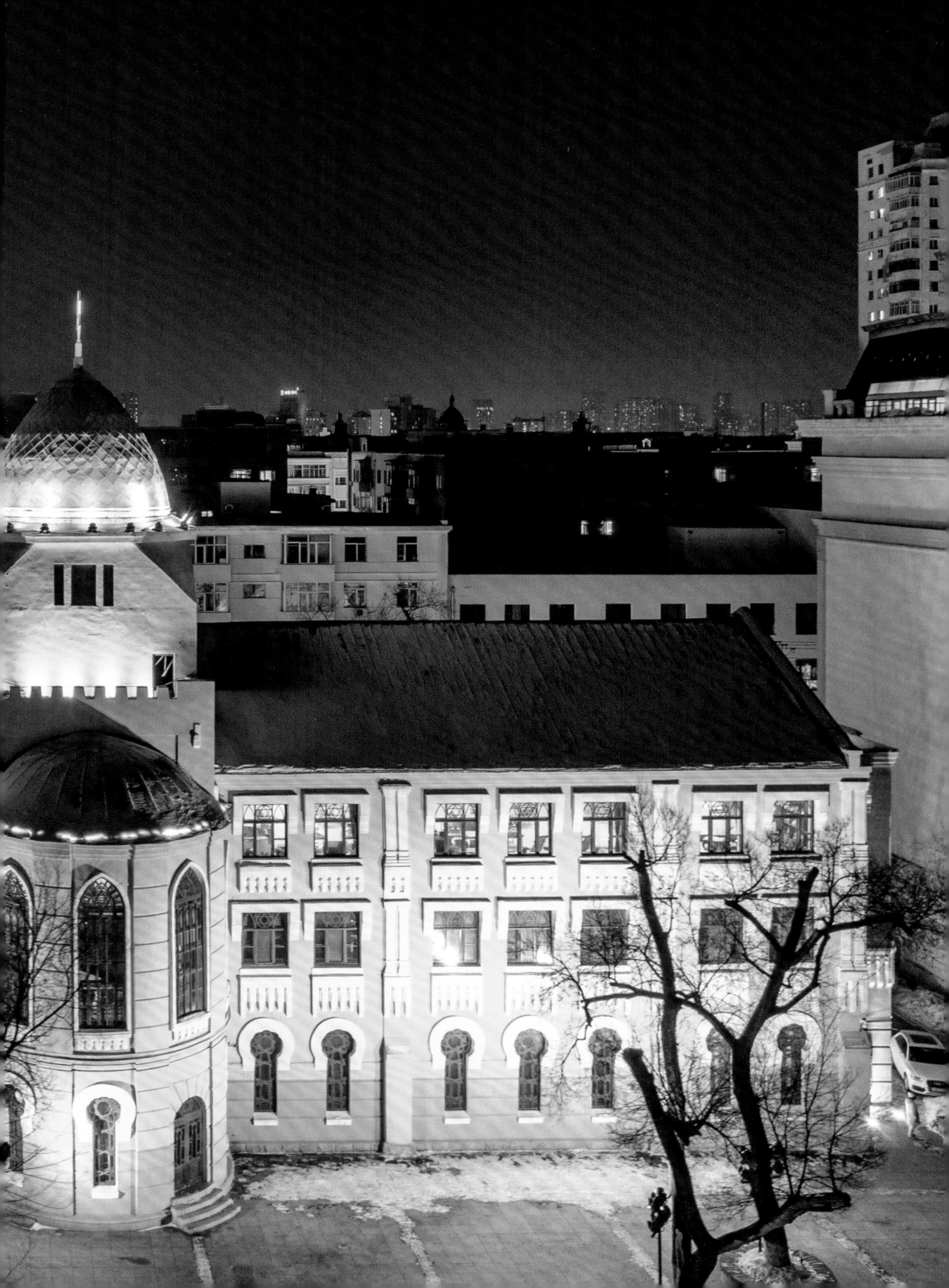

犹太总会堂一度被一些单位所占用，室内外被改造得面目全非，有关部门在 2014 年完成了犹太总会堂的复原维修工程。由于其近中央大街和"网红"红专街早市，周边游客众多，非常繁华，这也带动了老会堂的新生。现在其功能发生了转变，成为哈尔滨老会堂音乐厅，是哈尔滨极少数可免费入内参观和常年商业运营的原宗教建筑。

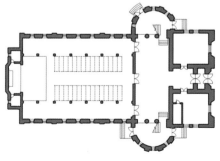

犹太总会堂平面图

  总会堂的室内大厅现在是小型音乐厅，定期举办各类音乐会等活动。建筑的室内部分装修古朴精美，设有咖啡厅、纪念品销售部、书店等开放休闲空间，这使得犹太总会堂成为了非常值得参观的"网红"打卡场所。

8. 犹太新会堂

犹太新会堂位于道里区经纬街 162 号，紧邻中央大街地铁口，与犹太总会堂（老会堂）也只有几百米的距离。新会堂是犹太教哈西德教派的会堂，同样也处于曾经的犹太社区之中，总体建筑规模大于总会堂，由于建成时间晚于老会堂，因此被称为新会堂。

犹太新会堂始建于 1918 年，在 1921 年竣工并投入使用，由著名犹太建筑师约瑟夫·尤里耶维奇·列维金设计。犹太新会堂建成后能够容纳 800 人活动，成为了东北地区最大的犹太会堂。由于犹太教自身的宗教活动特点，会堂除了进行宗教活动外，还具有犹太人社交、教育和法庭等功能，因此会堂也往往使用传统礼堂的平面模式。新会堂除了主入口的三联券门廊外，呈现了长方形的平面轮廓，形成了浑厚方正的视觉形态。整体建筑属于典型犹太教建筑风貌，同时外观细节更加具有摩尔建筑风格。摩尔建筑风格是北非某一时期的伊斯兰教建筑设计语言，在新会堂中，主要体现在尖券和窗饰等摩尔设计要素。新会堂外立面红白相间，其中金色穹顶和六角圣星位于建筑后部的顶端，形成了城市区域的视觉标志。

8. New Synagogue

The New Synagogue is located on Jingwei Street in Daoli District, just a few hundred meters from the main synagogue. This synagogue, belonging to the Hasidic sect of Judaism, is larger than the main synagogue and was built later, thus referred to as the "New Synagogue."

Construction of the New Synagogue began in 1918 and was completed in 1921, designed by the renowned Jewish architect Joseph Yurielevich Levkin. The synagogue can accommodate 800 people, making it the largest synagogue in Northeast China. Due to the nature of Jewish religious activities, the synagogue served not only religious purposes but also social, educational, and judicial functions, often using a traditional auditorium floor plan. The building features a typical Jewish architectural style with Moorish influences in its exterior details. The facade alternates between red and white, with a golden dome and the Star of David at the top of the building's rear, creating a visual landmark in the city.

The New Synagogue was renovated in 2004, and is now open to visitors as the Harbin Jewish Historical and Cultural Memorial Hall.

老照片中的犹太新会堂

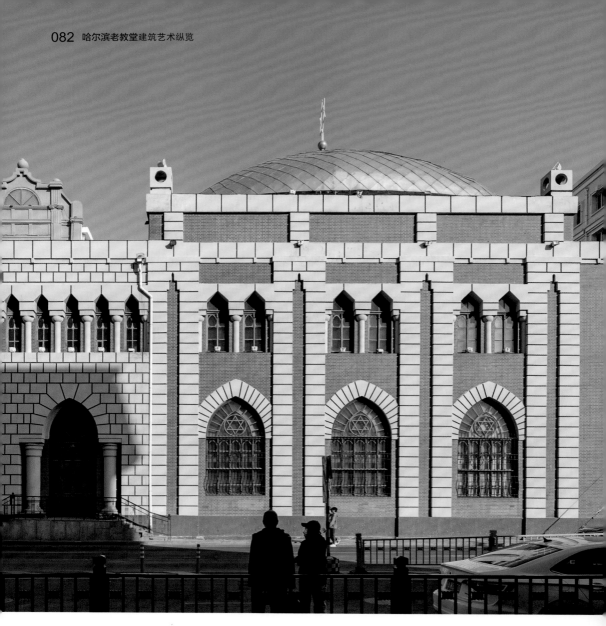

犹太新会堂失去宗教功能之后，曾被其他单位使用，甚至一度被改成俱乐部和娱乐城等。近些年，有关部门推动了新会堂的复原改造工程，让新会堂旧貌换新颜。新会堂的室内部分也赋予了新的文化功能，也就是"哈尔滨犹太历史文化纪念馆"。

犹太新会堂的室内博物馆平时对外开放，虽然室内空间已经看不到曾经的会堂身影，但是关于哈尔滨犹太人历史的陈设和展览同样具有参观价值。

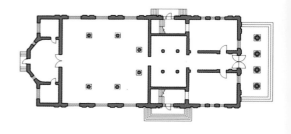

犹太新会堂平面图

9. 尼埃拉依基督教堂

9. Harbin Nangang Christian Church

随着哈尔滨在 20 世纪初的开埠，各国的基督新教教派也陆续传入哈尔滨。哈尔滨早期新教涉猎的国家较广、派系众多，后期中国本土的教徒也陆续壮大，这使得新建教堂数量也陆续增加。但总体来说，哈尔滨新教的教徒分散，同时新教教堂的规模一般较小，与城市中大型东正教堂的建筑体量不可同日而语。教堂的建筑语言也基本以简洁的哥特风格为主，一般不做过多的室内外装饰，而尼埃拉依基督教堂就是现存新教建筑的代表。

尼埃拉依基督教堂位于南岗区东大直街252 号，毗邻圣母守护教堂，两座教堂形成了东大直街的靓丽风景。该教堂建成于 1916年，是新教德国路德会的教堂，由德国侨民提议建设，建筑师弗奥罗布主持设计。教堂总体规模不大，砖木结构，是典型的哥特式尖拱风格，尖拱屋顶和窗户形成了其鲜明的外观形象，其简约的装饰语言更加体现了新教的教义特点。教堂以红墙绿顶为主要色系，与哈尔滨其他的东正教堂色彩呼应和协调。教堂造型的前部钟塔是其最突出的视觉语言，但从历史照片来看，早期建筑的尖塔要远高于现在的高度，使得建筑更加具有崇高感，建筑比例也比现存屋顶更加协调。

With the opening of Harbin in the early 20th century, various Protestant denominations also gradually entered the city. Generally, Protestant churches were smaller in scale compared with the large Orthodox churches, and Harbin Nangang Christian Church is a representative of the existing Protestant buildings.

Located on Dongdazhi Street in Nangang District, near the Church of the Intercession of the Mother of God, Harbin Nangang Christian Church and the latter form a beautiful scenery on Dongdazhi Street. Constructed in 1916, the church was built for the German Lutheran congregation, with the design led by architect F. Orlov. The church, though modest in scale, features a typical Gothic pointed arch style, with pointed arch roofs and windows forming its distinct appearance. Its simple decorative language reflects the characteristics of Protestant doctrine. The church's red walls and green roofs complement the colors of Harbin's Orthodox churches.

老照片中的尼埃拉依基督教堂

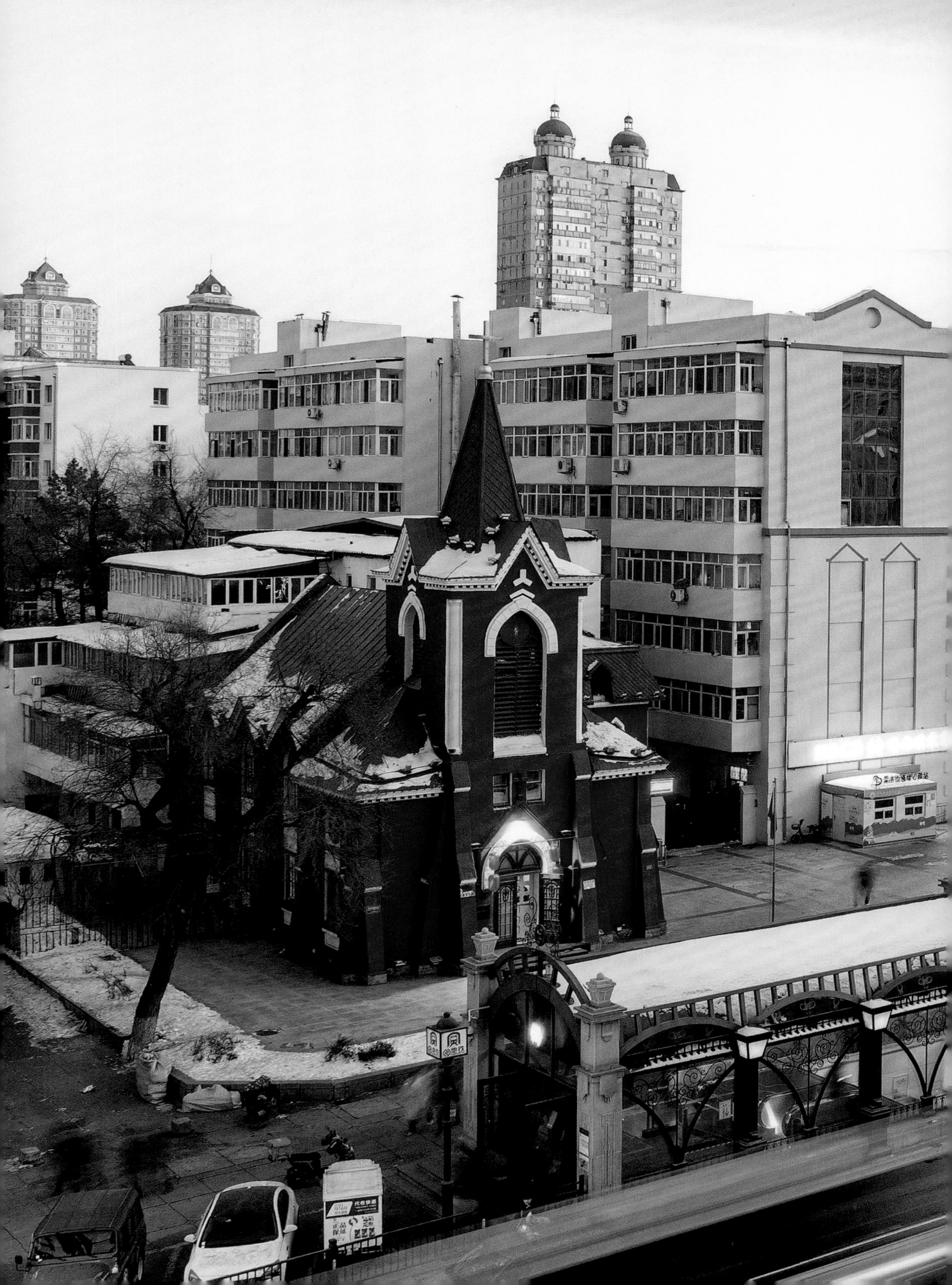

当代哈尔滨的基督教教徒数量众多，同时也拥有较多的教堂来进行宗教活动，尼埃拉依教堂现在仍归哈尔滨基督教会使用，一般被叫作南岗基督教堂。哈尔滨大多新教老教堂已经不复存在，而尼埃拉依基督教堂是现存历史最久，同时也是保护最好的新教教堂。

尼埃拉依基督教堂是少数宗教活动较多的历史建筑，游客可以在每周的宗教活动期间入内参观，体验老教堂在当代的宗教空间氛围。

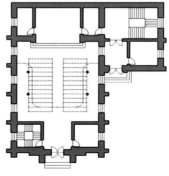

尼埃拉依基督教堂平面图

10. 复临安息日会派教堂

10. Seventh-day Adventist Church

基督教复临安息日会派是哈尔滨新教中的重要分支。据文献记载，该教派在主城区建设了多处教堂，其中1921年建成的南岗区龙江街教堂体量规模较大，但遗憾的是已经拆毁，而现如今遗存下来的是位于道里区的小型基督教堂。

保存下来的复临安息日会派教堂位于道里区新阳路160号，建成于1924年。部分资料显示该教堂建成于1920年或1929年，但从大多数国内外资料来看，1924年是更加准确的时间。现存复临安息日会派教堂规模较小，是哈尔滨现存老教堂中体量最小的一座，同时教堂距离市区其他重要教堂聚集区较远，一般不被本地人所了解。教堂建筑为砖木结构，平面采取了相对集中的小会堂模式，同时取消了常用的教堂钟塔设计，而主要通过尖顶和尖窗来体现宗教建筑风貌。可能是基于体量原因，建筑外观被粉刷成了市区常用的黄色调，相比其他标志性教堂的红色系，这座小教堂与周边的城市建筑色彩更加协调。

The Seventh-day Adventist Church is an important branch of Protestantism in Harbin. Historical records indicate that this denomination built several churches in the main urban area, among which the church on Longjiang Street in Nangang District, completed in 1921, was the largest, but unfortunately has been demolished. The existing Adventist church in Daoli District is a smaller-scale building.

Located on Xinyang Road in Daoli District, the surviving Seventh-day Adventist Church was completed in 1924, with some records indicating it was built in 1920 or 1929. The church is the smallest of the existing old churches in Harbin, with a compact floor plan that follows a small chapel model, omitting the usual church bell tower design, and instead featuring spires and pointed windows to convey its religious character. Due to its small size, the building's exterior is painted in the commonly used yellow tone of the urban area, blending more seamlessly into the surrounding cityscape compared with other landmark churches.

老照片中的新阳路基督教堂

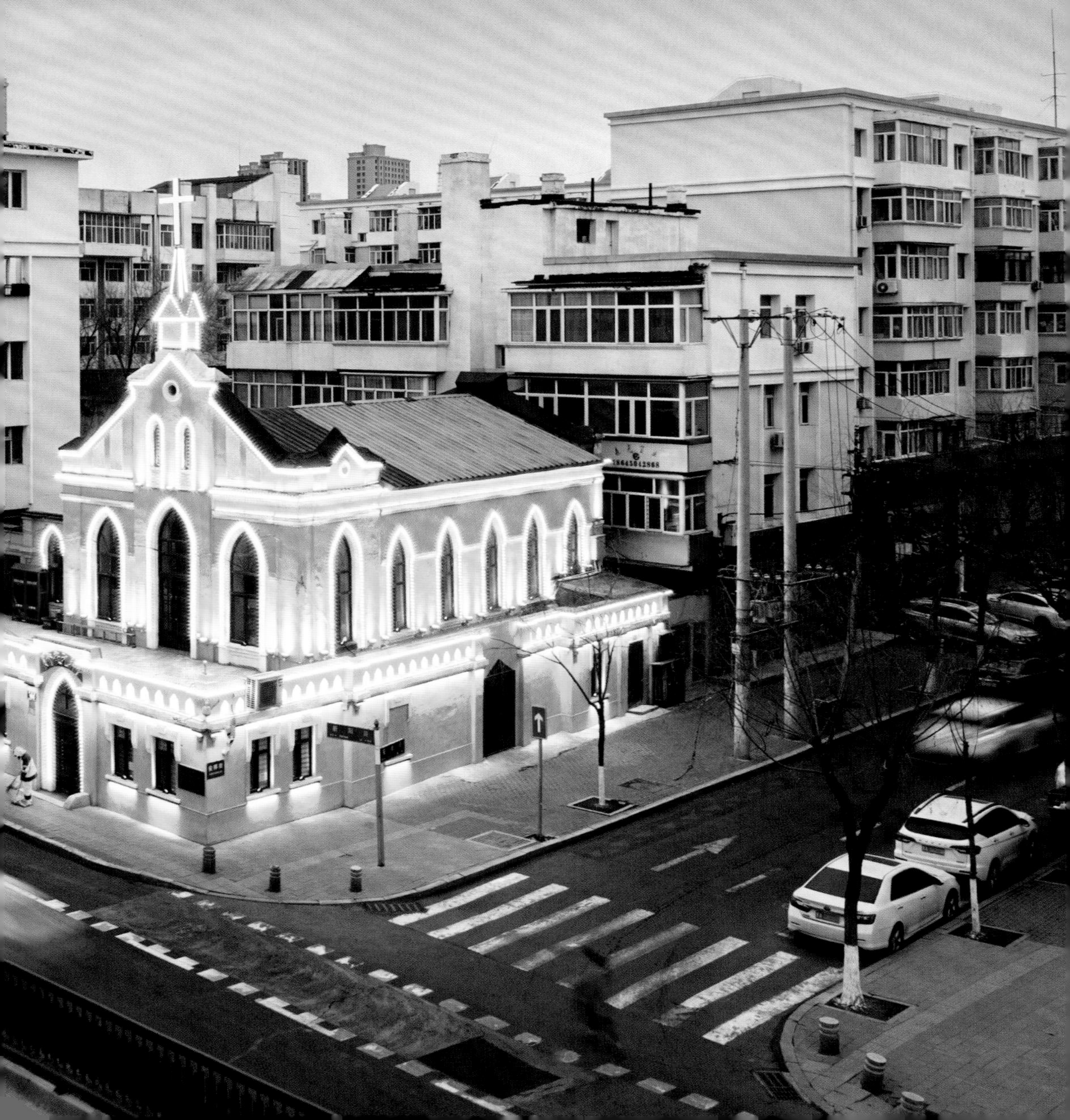

　　从历史照片来看，教堂底部的外围在当
代被扩建，加建部分尊重原有建筑的立面风
格，但使得教堂建筑体量没有之前那么集中
和纯粹。教堂现阶段仍被基督教会使用，与
尼埃拉依基督教堂一样有周例活动。

　　与哈尔滨其他现存教堂相比，复临安息
日会派教堂可以说是一个小众打卡场所。但
建筑是新教保存下来的第二座代表建筑，同
样具有一定的历史文化价值。

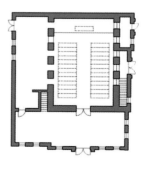

复临安息日会派教堂平面图

11. 鞑靼清真寺

20 世纪初，哈尔滨的外来宗教以西方的基督教三大教和犹太教为主，同时随着城市的开放，一些信仰伊斯兰教的外国人也陆续增多。伊斯兰教在中国传播已久，中国的一些民族也都是伊斯兰教信徒，这使得以道外区中国人居住为主的聚居区开始建设中国人自己的清真寺。而哈尔滨还存在着一座外国信徒兴建的伊斯兰清真寺，这就是位于道里区的鞑靼清真寺。

鞑靼清真寺位于道里区通江街 108 号，毗邻犹太总会堂，地处繁华的中央大街区域。清真寺始建于 1901 年，在 1937 年重建落成，建设者是移居在哈尔滨的土耳其人和俄国境内的鞑靼族民，因此又被称为土耳其清真寺。清真寺由哈尔滨资深俄籍建筑师日丹诺夫主持设计，也就是前文圣母守护教堂的设计者。日丹诺夫为哈尔滨城市留下了大量的优美欧式建筑作品，这座清真寺设计进一步丰富了他的创作类型。鞑靼清真寺整体建筑采取集中布局，前部的高塔具有伊斯兰教特征，而后部分的穹顶又有着拜占庭教堂的身影。建筑立面以白墙和红棕色横带为主要视觉要素，装饰细节适当点缀，充分展现了建筑的阿拉伯风貌。在人潮涌动的老街区，鞑靼清真寺静静地矗立在街边，形成了比较独特的建筑外观特征，成为了哈尔滨最优美的清真寺代表。

11. Tatar Mosque

In the early 20th century, while Western Christianity and Judaism were the dominant foreign religions in Harbin, the city's openness also saw an increase in the number of Muslims. One notable mosque built by foreign believers is the Tatar Mosque, located in Daoli District.

The Tatar Mosque stands on Tongjiang Street in Daoli District, adjacent to the General Synagogue. The original mosque was constructed in 1901, with a reconstruction completed in 1937 by Turkish people and Tatars from Russia who had settled in Harbin, earning it the alternate name of the Turkish Mosque. The design was overseen by the experienced Russian architect Zhdanov, who also designed the Church of the Intercession of the Mother of God. The overall architectural layout of the Tatar Mosque is centralized, with the front tower featuring Islamic characteristics, while the rear dome reflects Byzantine church influences. The facade is marked by white walls and red-brown horizontal bands, with decorative details that highlight the building's Arabic style.

老照片中的鞑靼清真寺

鞑靼清真寺一度被楼群包围，建筑也破损严重。近些年有关部门对清真寺进行保护恢复工作，同时拆除周边建筑，形成了开放的公园绿地，让清真寺建筑再次完整呈现在城市街区之中。鞑靼清真寺现在由伊斯兰教协会管理，在 2024 年再次维修后，已对公众开放。

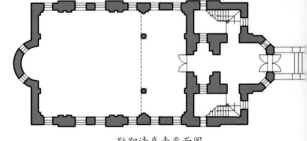

鞑靼清真寺平面图

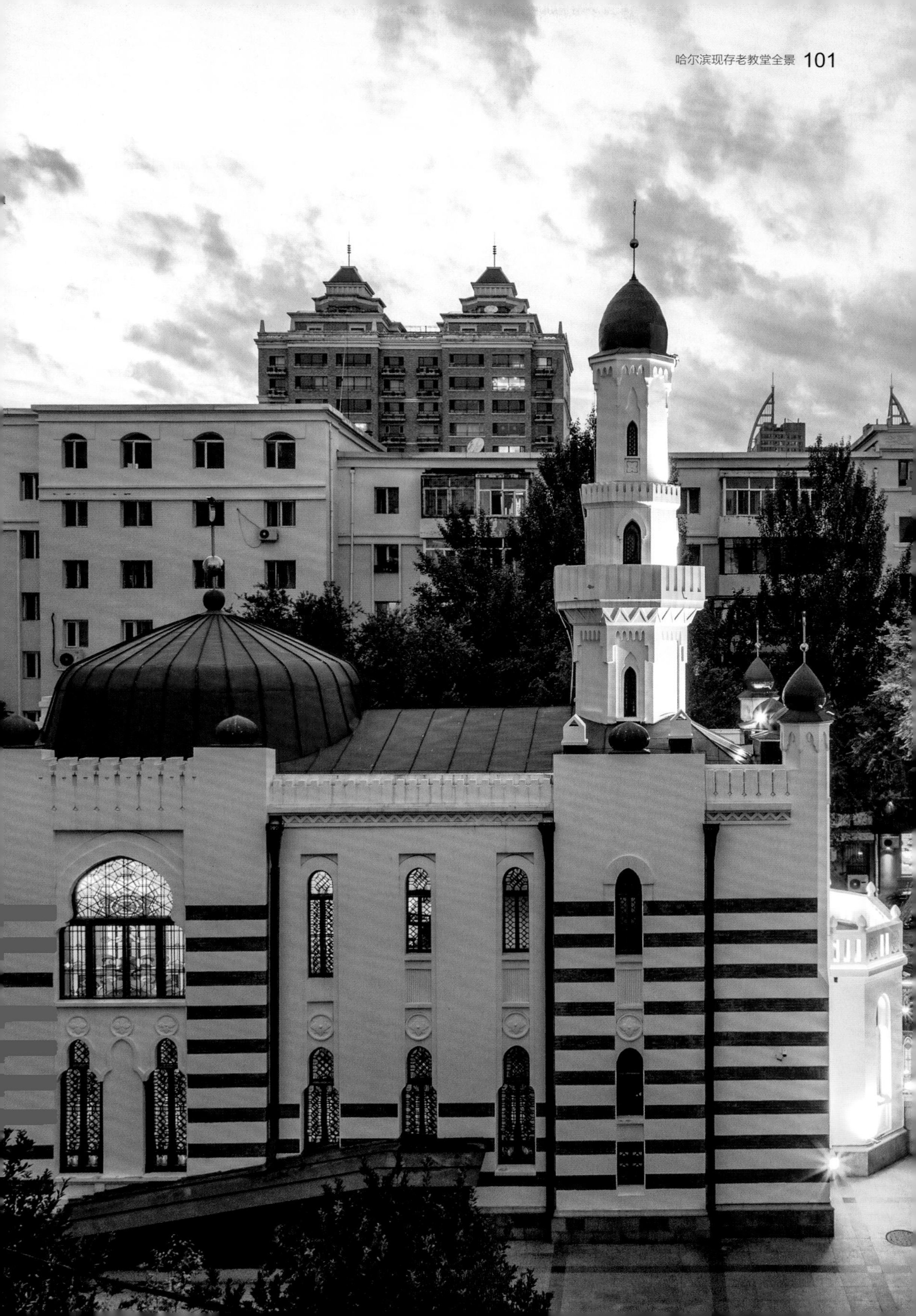

由于鞑靼清真寺之前未开放，不像道外清真寺活动较多，一般本地人和游客并不知晓，但清真寺与犹太总会堂只有一街之隔，同样也紧邻红专街早市，也是通江街区域城市漫步的重要打卡地。

12. 圣尼古拉大教堂
（伏尔加庄园重建）

12. Saint Nicholas Cathedral

除了圣索菲亚教堂之外，圣尼古拉大教堂应该是哈尔滨知名度最高的老建筑了，即使这座教堂已经消失在城市视野。圣尼古拉大教堂曾经是哈尔滨最重要的地标建筑，也常被当地人称为"喇嘛台"。中央电视台曾为它做过纪录片《圣尼古拉大教堂传奇》，这也能看出这座教堂在哈尔滨的价值。

随着中东铁路建设和大量俄国人的到来，东正教会也需要一个代表性教堂来守护这个崭新的城市，圣尼古拉大教堂随后应需而生。在 1899 年，教会选取了哈尔滨主城区的最高点来建设这个级别最高的教堂，建筑在 1900 年 12 月顺利完工。除了教堂的定位较高外，圣尼古拉大教堂是全木结构教堂的代表，教堂平面为集中式八边形，采取了井干结构建造。教堂中心部分采取了俄国常用的帐篷顶，高耸在城市中心广场之处。在井干式木结构外立面之外，教堂在 4 个面都进行了重点装饰处理，精美的木装饰环绕建筑展现了丰富的建筑细节。

除了建筑自身的做工精美，圣尼古拉大教堂也处于非常重要的地理位置。这个位置面对不远处的哈尔滨火车站，同时形成放射形的城市广场。圣尼古拉大教堂广场曾是这个城市的活动中心，见证了半个多世纪的历史巨变，但最后教堂也没有逃脱消逝的命运，在 1966 年被彻底拆除。

Saint Nicholas Cathedral was once the most significant landmark in Harbin, commonly referred to by locals as the "Lama Pagoda". With the influx of Russians due to the construction of the China Eastern Railway, the Orthodox Church needed a representative cathedral to serve this burgeoning city, leading to the creation of Saint Nicholas Cathedral.

Construction began in 1899 on the highest point of Harbin's main urban area, and the cathedral was completed in December 1900. Besides its elevated location, Saint Nicholas Cathedral was a notable example of an all-wooden structure, featuring a centrally planned octagonal layout built using a log construction method. The cathedral square became the city's activity center, witnessing over half a century of historical changes, until the cathedral was demolished in 1966. In the 21st century, the builder of the Volga Manor scenic area on the outskirts of Harbin used original blueprints to reconstruct the cathedral at a 1:1 scale, restoring its appearance and making it a representative building of the scenic area.

老照片中的圣尼古拉大教堂

　　时间走到21世纪，地处哈尔滨近郊伏尔加庄园景区的建设者根据原始图纸，对教堂进行了1∶1的重建，基本恢复其原貌，让教堂的形象再次回归到现实世界。教堂重建使用了大量的进口木材，使其更加贴近原始建筑，同时也复原了教堂室内原有的神坛部分，让游客能够重新感觉百年前大教堂的风采。

　　在原圣尼古拉大教堂的旁边，有一座建成于1933年的小伊维尔教堂，这座附属教堂是对原莫斯科毁坏教堂的重建，而最后小伊维尔教堂也不幸被拆毁。伏尔加庄园景区近期也完成了这座小伊维尔教堂的重建。重建的圣尼古拉大教堂和小伊维尔教堂毗邻而立，共同构成景区的核心景观。

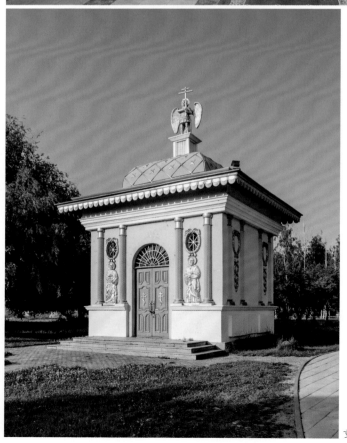

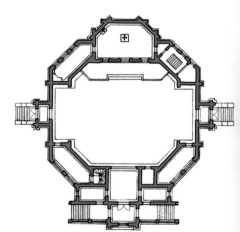

圣尼古拉大教堂平面图

重建的小伊维尔教堂

13. 其他现存老教堂
Other Existing Old Churches

东仪天主教主教府堂
Eastern Catholic Church Apostolic Exarchate

位于南岗区中山路 236 号，曾经是东仪天主教在中国大陆境内的唯一教堂。东仪天主教是从东正教等分离出来信奉天主教的教派，在哈尔滨的教徒不多。东仪天主教主教府堂建设于 1928 年，与传统教堂相比更加接近普通住宅的外观，因此哈尔滨市民一度并不知道该建筑曾经是教堂。该建筑在前些年被出租为各种用房使用，近几年有关部门进行了建筑修复工作，让建筑原貌再次回到大众的视野。

道外清真寺
Daowai Mosque

位于道外区南十四道街 270 号，清真寺始建于 1897 年，1935 年中心大殿进行了翻建，形成了现有的阿拉伯建筑风格。目前建筑仍作为伊斯兰教清真寺使用。2003 年在清真寺大殿两侧进行了建筑扩建，形成了现有周边的高塔，2005 年又建成了阿拉伯广场。

浸信会道外礼拜堂
Daowai Baptists Church

位于道外区北大六道街 14 号，最早是基督教新教浸信会礼拜堂，由美国牧师主持兴建，1936 年建成。建筑为两层沿街小楼，更接近周边住宅的建筑模式。教堂现为哈尔滨道外基督教会所用，在 2023 年再次完成翻新建设。

哈尔滨主要老教堂
年表

1. 香坊圣尼古拉教堂（东正教） 拆毁

位于香坊区军官街（现香顺街）。1898 年由民房改建，是在哈尔滨建成的第一座俄国东正教教堂，现已拆毁。1926 年第二座圣尼古拉教堂建成，也已拆毁。

1898 年改建的第一座教堂

1926 年建成的第二座教堂

2. 圣尼古拉大教堂（东正教） 拆毁

又称喇嘛台，位于现南岗区红博广场中心位置，哈尔滨曾经最重要的地标建筑。1899 年开工建设，1900 年落成，1966 年拆毁。

3. 傅家甸天主教堂（天主教） 拆毁

位于现道外区南勋六道街。1901 年由英国人开办，同年建成，是哈尔滨主城区第一座天主教堂，现已拆毁。

4. 圣母报喜教堂（东正教）　　拆毁

又称圣母领报教堂，位于现道里区中央大街和友谊路交叉口。1903 年第一座木结构教堂落成，1918 年被烧毁。1919 年第二座圣母报喜教堂建成。1941 年第三座圣母报喜教堂建成，成为远东地区最宏伟的教堂之一，1970 年拆毁。

1903 年建成的第一座教堂

1919 年建成的第二座教堂

1941 年建成的第三座教堂

5. 圣索菲亚教堂（东正教）　　现存

位于道里区核心位置，是哈尔滨现存最著名的教堂。最早为 1905 年左右建成的木结构随军教堂，1907 年迁至道里区并改扩建，1912 年再次改建，现已拆毁。1923 年在东南侧建设新教堂，1932 年落成。

1907 年建成的老圣索菲亚教堂

1932 年建成的新圣索菲亚教堂

6. 圣斯坦尼斯拉夫教堂（天主教） 拆毁

位于南岗区东大直街，由波兰侨民兴建。1906年开工建设，1907年落成，现已拆毁，2004年原址修建全新天主教堂（现南岗区天主堂）。

8. 圣母安息教堂（东正教） 现存

又称圣母升天教堂，位于南岗区文化公园内，由3栋建筑组成。1908年教堂建成，钟楼和忏悔亭建于1930年。

7. 圣伊维尔教堂（东正教） 现存

位于道里区哈尔滨火车站北广场，建成于1908年（也有资料为1907年），俄国随军教堂，其中附属孤儿院重建于1943年。

9. 呼兰天主教堂（天主教） 现存

位于呼兰区东府路与师专路交口，由法国传教士主持兴建，1908年建成。

10. 阿列克谢耶夫教堂（东正教） 现存

位于南岗区革新街和士课街交口，第一座教堂为木结构随军教堂，1912 年搬迁至南岗区建成，后拆毁。1930 年新教堂开始建设，1935 年落成。

1912 年建成的第一座教堂

1935 年建成的第二座教堂

11. 犹太总会堂（犹太教） 现存

位于道里区通江街 82 号，1909 年建成第一座建筑，之后由于火灾和水灾损坏，1932 年改建落成。

1909 年落成的改建前的总会堂

12. 尼埃拉依基督教堂（基督教） 现存

位于南岗区东大直街 252 号，由德国侨民兴建，为新教路德会教堂，1916 年建成。

13. 犹太墓地祭祀会堂（犹太教） 拆毁

位于现道外区太平桥附近，为犹太墓地的祭祀活动教堂，1920 年建成，现已拆毁。

15. 犹太新会堂（犹太教） 现存

位于道里区经纬街 162 号，1918 年开工建设，1921 年落成。

14. 主易圣容教堂（东正教） 拆毁

位于现南岗区木兰街的小型教堂，1921 年建成（也有资料为 1920 年），现已拆毁。

16. 南岗复临安息日会派教堂（基督教）
拆毁

位于现南岗区龙江街，为新教的复临安息日会派教堂，1921 年建成，现已拆毁。

17. 圣先知伊利亚教堂（东正教）　拆毁

位于现道里区工部街的小型教堂，由铁路营房改建，1922 年建成，现已拆毁。

18. 述福音约翰教堂（东正教）　拆毁

位于现南岗区文艺街，1923 年建成，现已拆毁。

19. 圣先知约翰教堂（东正教）　拆毁

位于现道里区民康街，1923 年建成在莫斯科兵营的小型教堂，后搬迁至哈尔滨郊区墓地，现已拆毁。

20. 信义会基督教大礼拜堂（基督教）
拆毁

位于现道外区景阳街和承德街交汇处，为丹麦人创建的新教信义会教堂，1923 年建成，现已拆毁。

21. 启蒙者圣格列高利教堂（基督教）
拆毁

也称阿尔缅教堂，位于现南岗区花园街，为新教亚美尼亚使徒教会的教堂，1923 年建成，现已拆毁。

22. 符拉季米尔女子修道院（东正教）

拆毁

位于现南岗区邮政街，1924 年建成，现已
拆毁。

23. 喀山圣母男子修道院（东正教）

拆毁

位于现南岗区马家沟十字街，1924 年建成，
现已拆毁。

24. 道里复临安息日会派教堂（基督教）

现存

新教复临安息日会派的另一座教堂，位于道
里区新阳路 160 号，1924 年建成。

25. 圣彼得保罗教堂（东正教） 拆毁

位于现南岗区辽阳街，1924 年开工建设，
1925 年落成，现已拆毁。

26. 圣约瑟夫教堂（天主教）　拆毁

　　位于现道里区中医街，由波兰侨民兴建。1925 年建成，现已拆毁。

27. 圣鲍利斯教堂（东正教）　拆毁

　　位于现道里区河清街，1923 年开工建设，1927 年落成，现已拆毁。

28. 圣母慈心院教堂（东正教）　拆毁

　　位于现南岗区营部街，1927 年建成，1936 年教堂旁建成尼古拉二世和塞尔维亚亚历山大一世纪念教堂，现已全部拆毁。

1927 年建成的圣母慈心院教堂

1936 年建成的纪念教堂

29. 江北圣尼古拉教堂（东正教）　拆毁

位于现江北太阳岛风景区的临江东端。1924年开工建设，1928年落成，1969年拆毁。

30. 东仪天主教主教府堂（天主教）

现存

位于南岗区中山路236号，东仪天主教派教堂，1928年建成。

31. 圣母守护教堂（东正教）　现存

又称圣母帡幪教堂、乌克兰教堂，位于南岗区东大直街268号，1930年建成。

32. 小伊维尔教堂（东正教）　拆毁

位于现南岗区红博广场，是圣尼古拉大教堂的附属小教堂，1933年建成，现已拆毁。

33. 道外清真寺（伊斯兰教）　现存

位于道外区南十四道街 270 号，是具有阿拉伯风格的清真寺，1935 年翻建落成。

34. 浸信会道外礼拜堂（基督教）　现存

位于道外区北大六道街 14 号，是新教浸信会礼拜堂，由美国牧师主持兴建，1936 年建成。

35. 鞑靼清真寺（伊斯兰教）　现存

又称土耳其清真寺，位于道里区通江街 108 号，1937 年建成。

参考文献

常怀生, 李健红. 圣·索菲亚教堂: 哈尔滨建筑艺术馆 [J]. 建筑学报, 1998, (03): 37-39+3.

常怀生. 哈尔滨建筑艺术 [M]. 哈尔滨: 黑龙江人民出版社, 1990.

哈尔滨教堂寺庙一览编委会. 2000. 哈尔滨教堂寺庙一览 [M]. 哈尔滨: 哈尔滨市建筑艺术馆, 2000.

哈尔滨市城市规划局. 凝固的乐章: 哈尔滨市保护建筑纵览 [M]. 北京: 中国建筑工业出版社, 2005.

哈尔滨市地方志编纂委员会. 哈尔滨市志·宗教·方言 [M]. 哈尔滨: 黑龙江人民出版社, 1998.

何颖. 哈尔滨近代建筑外装饰的审美研究 [D]. 哈尔滨: 哈尔滨工业大学, 2012.

黑龙江省地方志编纂委员会. 黑龙江省志·外事志 [M]. 哈尔滨: 黑龙江人民出版社, 1993.

[俄] Н.П. 克拉金. 哈尔滨: 俄罗斯人心中的理想城市 [M]. 张琦, 路立新, 译. 李述笑, 校. 哈尔滨: 哈尔滨出版社, 2007.

李述笑. 俄国东正教哈尔滨教区史概要 [J]. 黑龙江文物丛刊, 1983, (01): 105-112.

李述笑. 哈尔滨历史编年: 1896—1949[M]. 哈尔滨: 哈尔滨人民政府地方志编纂办公室, 1986.

刘大平, 卞秉利, 李琦. 中东铁路建筑文化遗产 [M]. 哈尔滨: 哈尔滨工业大学出版社, 2020.

刘松茯. 哈尔滨城市建筑的现代转型与模式探析: 1898—1949[M]. 北京: 中国建筑工业出版社, 2003.

陆娇娇. 哈尔滨犹太老会堂装饰艺术及改造研究 [D]. 哈尔滨: 东北林业大学, 2015.

齐永光. 哈尔滨犹太人的历史活动及其遗存 [D]. 长春: 吉林大学, 2011.

曲伟, 李述笑. 犹太人在哈尔滨 [M]. 北京: 社会科学文献出版社, 2006.

王春媛. 哈尔滨市基督宗教 (基督教、天主教、东正教) 发展研究 [D]. 哈尔滨: 黑龙江大学, 2009.

王丽娜. 二十世纪哈尔滨东正教与基督新教传播方式比较研究 [D]. 哈尔滨: 黑龙江大学, 2021.

王欣. 哈尔滨圣·阿列克谢耶夫教堂建筑的修复研究 [D]. 哈尔滨: 东北林业大学, 2014.

王志军. 王美华. 20 世纪上半叶哈尔滨俄罗斯东正教史述论 [J]. 世界宗教研究, 2022, (12): 102-112.

[日] 越沢明. 哈尔滨的城市规划: 1898—1945[M]. 王希亮, 译. 李述笑, 校. 哈尔滨: 哈尔滨出版社, 2014.

曾一智. 城与人: 哈尔滨故事 [M]. 哈尔滨: 黑龙江人民出版社, 2003.

张会群, 李述笑. 旧影琐思: 老照片里的哈尔滨 [M]. 哈尔滨: 哈尔滨出版社, 2022.

张铁江, 王志军. 近代哈尔滨的犹太教和犹太会堂 [J]. 黑龙江史志, 2005, (04): 34-36.

赵庆超.中东铁路沿线东正教堂建筑研究 [D].哈尔滨:哈尔滨工业大学,2016.

郑永旺.俄罗斯东正教与黑龙江文化:龙江大地上俄罗斯东正教的历史回声 [M].哈尔滨:黑龙江大学出版社,2010.

朱彦涵.黑龙江省清真寺建筑研究 [D].哈尔滨:哈尔滨工业大学,2018.

朱莹,李心怡,叶丽尼亚.建筑遗产价值认知与审思:以哈尔滨圣尼古拉大教堂 (1900—1966) 建筑艺术为例 [J].城市建筑,2022,19(17).

Ерёмин С Ю, Киричков И В. Реставрация Храма в честь Иверской иконы Божией Матери в Харбине [J]. Современная архитектура мира, 2019, (2): 317-332.

Забияко А А, Забияко А П, Левошко С С, et al. Русский Харбин: опыт жизнестроительства в условиях дальневосточного фронтира[M]. Благовещенск: Издательство АмГУ, 2015.

Крадин Н П. Харбин - русская Атлантида[M]. Хабаровск: Издатель Хворов А.Ю, 2001.

Ли Яньлин. Любимый Харбин - город дружбы России и Китая: Материалы международной научно-практической конференции, посвященной 120-летию русской истории г. Харбина, прошлому и настоящему русской диаспоры в Китае[M]. Владивосток: Изд-во ВГУЭС, 2019.

Окороков А В, Окорокова М А. Русские православные храмы в Китае[M]. Москва: Институт Наследия, 2022.

Хисамутдинов А А. Русские в Китае Исторический обзор[M]. Шанхай: Изд. Координационного совета со-отечественников в Китае и Русского клуба в Шанхае, 2010.

后记

在众多朋友的帮助以及中国林业出版社的共同努力下，经过了半年多的撰写和编校，这本关于哈尔滨老教堂建筑的书籍得以出版。哈尔滨是名副其实的"教堂之城"，老教堂是哈尔滨的重要历史保护建筑，也是哈尔滨的重要文旅地标建筑。随着历史的发展变迁，哈尔滨失去了太多的优秀历史建筑，大多数老教堂也没有被保留下来，这为这座城市带来了遗憾。前事不忘，后事之师，本书的内容既展示了现有保存的教堂，同时也追思了一些消逝的教堂，这些存在过的教堂都是哈尔滨城市记忆的重要载体，希望这些保留下来的老教堂建筑能够更好地被维护和利用。

关于本书的撰写目标和内容，作者重点考虑了三个方面：首先，对于哈尔滨老教堂的研究在学位论文和学术期刊中相对较多，但是关于教堂建筑全景的专著仍然较少，现有的一些书籍也出版较早，近些年很多现存教堂已经被修缮甚至功能发生了转变，在现阶段出版老教堂建筑一书可以说是弥补这一时期相关书籍的空白；其次，一个城市建筑的发展是需要不断地被记录的，哈尔滨曾经的历史建筑老照片为追寻城市和考证建筑提供了很好的影像资料，而老建筑在近些年的影像记载并不是很完善，特别是航拍设备在前些年并不成熟，而本书通过对老教堂建筑的全方位拍摄，力图为城市留下一定时期的影像记忆；最后，随着哈尔滨城市文旅的火爆，仍缺少既带有专业属性同时适合游客携带的老建筑书籍，这也是这本书撰写内容的主要方向。作者希望本书能够补充市场需求的同时，为游览城市提供准确的历史档案和清晰的打卡手册，也希望书籍能够为哈尔滨的文旅事业增光添彩。

在本书撰写的过程中，文本史料和图片选用两方面都力争简明扼要、重点突出。在文本写作方面，关于一些教堂的建造年代、建筑结构和建筑师等环节，仍在各史料中体现得不够完整且有一些缺失，这为本书的写作带来了一定的困难，特别是书中最后的老教堂年表部分，作者花费大量时间通过中外多文献的比对，同时参考了国内外介绍哈尔滨老教堂的相关网站，比较准确地展现了老教堂的建设过程和落成时期。在书籍照片方面，作者经过了半年多时间，对哈尔滨现存老教堂进行了全面的调研，所有教堂都经过了多次的现场拍摄，力求给读者展现哈尔滨老教堂最美好的影像时刻。

本书的出版，得到了多方面的支持与关心，作者在此向整个过程中的各方表示深切的谢意。首先感谢李述笑和刘大平两位专家前辈为本书作序。年满80岁的李述笑老师是哈尔滨城史研究的权威专家。李老师对本书的内容与目标给予了充分肯定，在近期身体有恙的情况下仍然对本书的细节提出了宝贵的建议。刘大平老师是作者的师长，是哈尔滨历史保护建筑的研究大家。作者在书籍筹划和写作过程中，始终保持与刘老师请教和沟通，得到了刘老师的鼎力支持。其次要感谢好友们的众多资料贡献。哈尔滨工业大学卜冲老师既是作者的老师也是作者的朋友，同时是哈尔滨城市建设的巨大贡献者，作者在写作期间多次向卜老师请教，得到了大量准确的史料和信息。同时要感谢哈尔滨著名建筑摄影师韦树祥老师，韦老师为作者提供了大量老建筑历史照片，丰富完善了本书的影像内容。再次要感谢亲朋们的不断鼓励和声援。在书籍撰写过程中，多次与大学同窗王晓东进行内容和版式探讨，得到了很多有益思路和话语激励。感谢自己的爱人武威，在收集资料和实地考察拍摄等环节，都给予了最大的行动支持。最后，感谢本书的责任编辑和审校、设计老师们。王全编辑从本书的策划到付梓，与作者密切配合、细致查证、反复斟酌，并提出了非常多新颖的思路；出版社的团队在此过程中精益求精，呈现了更加准确丰满的内容和制作精良的产品。

虽然作者和编辑们做出了最大的努力，但书中一些细节仍可能存在纰漏和不足，也希望读者们探讨和指正。行走在"教堂之城"，遇见哈尔滨老建筑。本书设置了手绘地图和盖章页，期待各位游客定制路线并分享自己的打卡攻略。系列书将持续聚焦哈尔滨这座"万国建筑博物馆"，在接下来的拍摄和写作中呈现中央大街、中华巴洛克、老展馆等精彩内容，陪伴各位朋友感受更多建筑艺术的魅力！

2024 年 7 月 10 日

打卡盖章页

呼兰区
呼兰天主教堂

道外区
道外清真寺
浸信会道外礼拜堂

道里区
圣索菲亚教堂
圣伊维尔教堂
犹太总会堂
犹太新会堂
复临安息日会派教堂
鞑靼清真寺

南岗区
阿列克谢耶夫教堂
圣母守护教堂
圣母安息教堂
尼埃拉依基督教堂
东仪天主教主教府堂

香坊区
圣尼古拉大教堂
（伏尔加庄园重建）

圣索菲亚教堂
Saint Sophia Cathedral

地址： 道里区透笼街 88 号
88 Toulong Street, Daoli District
建筑风格： 拜占庭式，砖石结构
建筑功能： 哈尔滨建筑艺术馆（索菲亚音乐厅）
是否开放： 是，内部购票参观，外部广场免费

圣伊维尔教堂
Holy Iveron Icon Orthodox Church

地址：道里区哈尔滨站北广场
Harbin Railway Station North Square, Daoli District
建筑风格：俄罗斯雅罗斯拉夫样式，砖木结构
建筑功能：历史建筑
是否开放：否

阿列克谢耶夫教堂
Saint Alekseyev Church

地址： 南岗区士课街 47 号
47 Shike Street, Nangang District
建筑风格： 带有巴洛克装饰语言的俄罗斯传统建筑风格，
砖石结构
建筑功能： 天主教堂
是否开放： 是（宗教场所，定期开放，请尊重他人信仰，
注意言行仪表）

圣母守护教堂

The Church of the Intercession of the
Mother of God

地址： 南岗区东大直街 268 号
268 Dongdazhi Street, Nangang District
建筑风格： 拜占庭式，砖石结构
建筑功能： 东正教堂
是否开放： 否

圣母安息教堂
Holy Dormition Church

地址： 南南岗区南通大街 208 号，哈尔滨文化公园内
Harbin Cultural Park, 208 Nantong Street,
Nangang District
建筑风格： 俄罗斯雅罗斯拉夫样式，砖木结构
建筑功能： 历史建筑
是否开放： 否（2024 年建筑维修进行中，预计未来开放）

呼兰天主教堂
Hulan Catholic Church

地址： 呼兰区东府路与师专路交叉口
Intersection of Dongfu Road and Shizhuan Road,
Hulan District

建筑风格： 哥特式，砖木结构

建筑功能： 天主教堂

是否开放： 是（宗教场所，宗教活动时间开放，请尊重他人信仰，
注意言行仪表）

犹太总会堂
General Synagogue

地址： 道里区通江街 82 号
　　　82 Tongjiang Street, Daoli District
建筑风格： 带有犹太装饰语言的折衷主义风格，砖木结构
建筑功能： 老会堂音乐厅 The Old Synagogue Concert
　　　　　Hall
是否开放： 是

犹太新会堂
New Synagogue

地址：道里区经纬街 162 号
　　　162 Jingwei Street, Daoli District
建筑风格：带有摩尔装饰语言的折衷主义风格，砖木结构
建筑功能：哈尔滨犹太历史文化纪念馆 Harbin Jewish
　　　　　　Historical and Cultural Memorial Hall
是否开放：是

尼埃拉依基督教堂
Harbin Nangang Christian Church

地址：南岗区东大直街 252 号
　　　252 Dongdazhi Street, Nangang District
建筑风格：哥特式，砖木结构
建筑功能：基督教堂
是否开放：是(宗教场所,宗教活动时间开放,请尊重他人信仰,
　　　　　注意言行仪表)

复临安息日会派教堂
Seventh-day Adventist Church

地址： 道里区新阳路 160 号
　　　160 Xinyang Road, Daoli District
建筑风格： 哥特式，砖木结构
建筑功能： 基督教堂
是否开放： 是（宗教场所,宗教活动时间开放,请尊重他人信仰,
　　　注意言行仪表）

鞑靼清真寺
Tatar Mosque

地址： 道里区通江街 108 号
    108 Tongjiang Road, Daoli District
建筑风格： 带有拜占庭式穹顶的阿拉伯建筑风格，砖木结构
建筑功能： 伊斯兰教清真寺
是否开放： 是（宗教场所，无宗教活动，开放展览，请尊重
    他人信仰，注意言行仪表）

圣尼古拉大教堂（伏尔加庄园重建）
Saint Nicholas Cathedral

地址： 香坊区成高子镇哈成路 16 千米处，哈尔滨伏尔加庄园旅游
景区内
Harbin Volga Manor, 16 kilometers Hacheng Road,
Xiangfang District

建筑风格： 俄罗斯传统建筑风格，井干式木结构

建筑功能： 圣尼古拉艺术馆

是否开放： 是，景区购票参观

东仪天主教主教府堂
Eastern Catholic Church Apostolic
Exarchate

地址：南岗区中山路 236 号
236 Zhongshan Road, Nangang District
建筑风格：折衷主义风格，砖木结构
建筑功能：历史建筑
是否开放：否

道外清真寺
Daowai Mosque

地址： 道外区南十四道街 270 号
270 South 14th Street, Daowai District
建筑风格： 阿拉伯建筑风格，砖木结构
建筑功能： 伊斯兰教清真寺
是否开放： 是（ 宗教场所，宗教活动时间开放，请尊重他人信仰，
注意言行仪表 ）

浸信会道外礼拜堂
Daowai Baptists Church

地址： 道外区北大六道街 14 号
14 North 6th Street, Daowai District
建筑风格： 折衷主义风格，砖木结构
建筑功能： 基督教堂
是否开放： 是（宗教场所，宗教活动时间开放，请尊重他
人信仰，注意言行仪表）